LE DÉFI DE LA DIFFÉRENCE

Collection «Via latina»
dirigée par François L'Yvonnet

Candido Mendes

LE DÉFI DE LA DIFFÉRENCE

Entretiens sur la latinité avec François L'Yvonnet

Préface d'Alain Touraine

Via latina
Albin Michel

© Éditions Albin Michel, S.A., 2006.

Préface
Alain Touraine

COMBIEN entendons-nous de voix aussi fortes que celle de Candido Mendes ? Qu'on réponde qu'il n'y en a aucune autre ou que l'on cite un ou deux noms, l'accord est général : sa voix est unique ; non pas seulement à cause de son ton et de la nature de ses convictions, mais parce que Candido Mendes est le seul à parler à la fois en termes fortement nationaux, au nom de la latinité et à l'échelle du monde. Brésilien, pleinement brésilien, il a aussi « inventé » une latinité qui déborde ou même contredit les connotations traditionalistes de ce mot. Citoyen du monde, longtemps engagé à un haut niveau dans l'action de l'Unesco, il s'interroge sur la manière de limiter ou de combattre l'hégémonie américaine qui fait courir un risque absolu de destruction à toutes les cultures qui n'acceptent pas d'être absorbées par les pays-métropoles.

Il serait normal qu'un Européen ou un habitant du Moyen-Orient s'intéresse d'abord au troisième aspect, à l'aspect planétaire de la pensée de Candido Mendes. Mais c'est le Brésilien qui m'intéresse en premier lieu. D'abord parce qu'il est malheureusement rare que le public international sache situer un Brésilien dans le temps et dans l'espace, comme on le fait sans hésiter pour un Anglais ou un Allemand. Ensuite, parce que seul un Brésilien, sans doute, peut parler ouvertement d'un point de vue national, alors qu'un Japonais, un Allemand ou un Italien ne le peut plus et que l'ensemble des Européens ont renoncé à le faire, pour construire une Europe qui n'a pas encore appris à parler. Aucun pays ne peut peser sur le devenir du monde s'il n'a pas une parole propre, une conscience nationale, l'assurance de parler un langage à la fois différent des autres et nécessaire à tous. Voilà ce que Candido Mendes est presque le seul à oser dire et qui est vrai.

Nous avons une grande joie, en ces temps où la mort de l'État-nation est annoncée tous les jours, d'entendre quelqu'un qui ne parle pas au nom d'un État chargé d'histoire, mais d'un État et d'une nation qui sont encore en devenir et qui ne veulent pas être arrêtés dans leur volonté d'exister par la domination d'une civilisation matérielle. Les

Préface

pays européens, aussi bien le Royaume-Uni ou la Suède que l'Espagne, l'Italie ou les Pays-Bas, qui ont participé les uns à la naissance des « villes nations », les autres à celle d'États-nations, expriment leur reconnaissance à leur jeune frère brésilien qui tient un langage qu'ils n'osent souvent plus employer eux-mêmes, mais dont ils savent encore la vérité.

Ce qui me convient le moins est la définition de la latinité que donne Candido Mendes, non parce qu'il l'a fait glisser de la Méditerranée vers l'Atlantique – car il s'adresse plus que tout autre à tous les peuples de la Méditerranée –, mais parce que le mieux de l'Europe, et en particulier de l'Europe latine, n'est pas ce qu'elle a, mais ce qu'elle n'est plus. Ses faiblesses, ses renoncements forcés à l'hégémonie font de la latinité un espace de rencontre et non de pouvoir, de recherche de la paix et non de préparation à la guerre. Cette fonction de médiation est si importante qu'il faut reconnaître à Candido Mendes le mérite de nous donner à tous la conscience de notre nécessaire intervention.

Mais il est évident que c'est au niveau mondial que la pensée de Candido Mendes prend toute son importance. C'est en particulier visible dans ce qu'il a donné comme activité principale à l'Académie de

Le défi de la différence

la latinité qu'il a créée : les rapports de l'Occident sous hégémonie américaine avec le monde islamique. Les enjeux de cette réflexion et les débats qu'elle soulève sont d'une telle importance qu'il faut lire avec la plus grande attention ce qui est dit dans ses textes, dont la brièveté et l'alacrité ne doivent pas cacher l'audace.

Face à la puissance hégémonique, il existe deux réponses opposées. Utilisant les termes de Toynbee, Candido Mendes appelle l'une, celle des Hérodiens, et l'autre, celle des Zélotes (cf. chap. 9). D'un côté, ceux qui se rallient à la puissance dominante en s'efforçant de préserver leurs propres intérêts ; de l'autre, ceux qui mobilisent des forces populaires pour résister à la domination étrangère. La conscience nationale brésilienne de Candido Mendes, autant que son goût du combat pour l'indépendance le conduisent à choisir avec enthousiasme la deuxième réponse. En tant que Brésilien, il se place dans la tradition qui a conduit son pays de Vargas, au-delà même de son suicide, jusqu'à Lula. À l'échelle du monde, il dit clairement que la résistance islamique à l'empire américain est juste et nécessaire. Il se range du côté de Khomeiny contre le camp de Mustafa Kemal, en Turquie (cf. chap. 9). Il voit dans la latinité une sorte de résistance à l'hégémonie américaine, qui doit joindre ses forces à

Préface

celles de l'islam. En ajoutant que seul le Brésil d'aujourd'hui a la capacité d'opposer une culture au triomphe de la civilisation matérielle.

Candido Mendes a visé le point le plus extrême de son appel à l'action, mais il sait qu'il s'est avancé jusqu'au bord du précipice. La latinité, ajoute-t-il aussitôt, ne doit pas céder à son propre fondamentalisme. Conseil indispensable à l'heure où en Europe se développent des mouvements nationalistes populaires, souvent xénophobes et qui représentent un danger immédiat. Mais il répète que l'action la plus résolue vient nécessairement des minorités ou des cultures les plus directement menacées par l'hégémonie, comme le sont les pays d'islam et les Noirs des États-Unis.

Il fallait aller jusqu'au bout de la logique de l'affrontement, pour voir se dessiner au centre du monde présent la guerre à mort de l'hégémonie des forts et du fondamentalisme des faibles.

Beaucoup de ceux qui constituent le monde latin, et beaucoup d'autres qui se reconnaissent plus volontiers dans l'entre-deux que dans les extrêmes, sont convaincus qu'il faut en toute priorité rompre l'unité qu'impose la pensée militante, mais qu'il faut, politiquement et culturellement, reconnaître la présence de ces blocs, de ces civilisations au sens donné par Samuel Huntington à ce mot. Ils sont nombreux à penser qu'il faut séparer la religion du pouvoir, la culture de la religion et aussi la culture du pouvoir. Cette séparation de la foi et du pouvoir n'est-elle pas l'apport principal du monde latin moderne, et n'est-ce pas ce qui prouve la nécessité de la laïcité, même si les Français donnent parfois une définition trop brutale de cette opposition entre la citoyenneté et les communautés ?

À travers cet échange entre Candido Mendes et François L'Yvonnet, on voit donc se dessiner, encore plus que des idées, des convictions, des engagements et une politique. C'est ce qui donne à la parole, comme à l'action de Candido Mendes, sa force d'attraction et la passion des débats qu'elle soulève. Dans un monde chaotique et inarticulé, voici une voix qui réveille ceux qui ne veulent pas voir le monde dans lequel ils vivent. Elle apporte aux uns les réponses qu'ils cherchaient ; elle aide les autres à affirmer leur propre pensée en suivant une voie différente. Mais dans tous les cas, tous ceux qui écoutent et lisent Candido Mendes savent qu'il nous fera avancer dans la recherche de la vérité et dans la défense de notre indépendance.

1.
Un éveil national

FRANÇOIS L'YVONNET : Comment relier l'idée de latinité – à laquelle nos entretiens sont consacrés – à votre propre culture, latine et atlantique. Faisons résonner l'espace et le temps : la latinité est tout autant une géographie qu'une histoire.

CANDIDO MENDES : L'idée de latinité est d'abord celle d'une génération brésilienne, qui s'est éveillée au nationalisme, en tant que projet de transformation sociale. Pour utiliser le mot sartrien, nous avons vécu à l'excès «pour autrui» et non «pour nous-mêmes». C'est une situation coloniale, comme celle que le Brésil avait connue au début de son indépendance. Notons, ce qui est important pour notre propos, que dans les pays d'Amérique latine, l'indépendance politique nominale a précédé de plus d'un siècle l'avènement de l'indépendance économique. Avoir un « pour soi », c'est rompre avec un système économique orienté vers l'exportation, avec une monoculture exclusivement exportatrice, avec une dichotomie entre une classe dominante généralement liée à l'extérieur, localement très absente, et une masse complètement désorganisée. Le marché du travail était exploitable à la demande. La politique était régie par le clientélisme, la république était une sorte de *« cosa nostra »*, une culture toujours en reflet, jamais en réflexion (pour parler comme Henri Michaux).

On a mis plus d'un siècle à comprendre ce que pourrait être un « pour soi ». C'est la génération des années cinquante, la mienne, qui a joué dans ce processus un rôle majeur. Il faut prendre en compte les effets de l'après-guerre : nous avons subi l'ascendant croissant des États-Unis, aux dépens de nos fondations qui étaient essentiellement européennes. J'appartiens à un temps où, à l'école, la langue française, comme première langue étrangère, dominait très largement l'anglais.

L'idée d'un « pour-soi » s'est imposée, dès lors qu'il nous est apparu clairement que nous étions dans une situation de plus en plus néo-coloniale. Même avec une indépendance nominale, nous étions dans la situation de l'Afrique, vue par Frantz Fanon. L'idée nationale devenait une option (non

Un éveil national

évidente, car une colonie, par essence, n'évolue pas), qui demandait un geste fort : vouloir devenir une nation. Ce geste doit être compris aussi comme un «projet», dans le sens existentiel du terme. C'était en effet une sorte de pari sur l'avenir. Notre génération a été très profondément influencée, non seulement par l'existentialisme français et la figure centrale de Sartre, mais aussi par Jaspers et Heidegger, avec les notions d'«être-là», d'«être jeté» dans le monde, et de «temps-axe»[1]. Il y a des moments où les choses peuvent changer, les générations ne sont pas en situation d'égalité à cet égard.

Des générations appelées à faire époque.

Dans ces moments, pour utiliser le mot de Heidegger, on est «coupable de ce que l'on n'a pas fait»... Il y a des générations essentiellement responsables.

---

1. Le «temps-axe» correspond à des moments historiques décisifs où les changements rapides des catégories de représentation provoquent l'émergence de nouvelles visions du monde.

Le défi de la différence

Le Brésil a pourtant gardé son identité.

C'est vrai, mais pas seulement par la distance et par la langue. Notre individualité s'est dessinée à partir de cycles économiques coloniaux différents de siècle en siècle. Au XVIe siècle et au XVIIe siècle, dans la région du Nordeste, ce fut d'abord le sucre. Les Hollandais de Maurice de Nassau, alors en lutte contre l'Espagne, prirent Recife et voulurent créer un empire batave en Amérique. C'est une question classique d'examen que de demander ce que serait devenu le Brésil s'il y avait eu la colonisation hollandaise. Maurice de Nassau a favorisé le développement des grandes cultures de canne à sucre. Cette activité agricole a rayonné jusqu'à Bahia, également conquise par les Hollandais, où, plus tard, naquirent des métis, «créoles» locaux, fruits de liaisons, d'abord entre Indiens et Blancs, puis avec les Noirs. Avec la culture de la canne à sucre, le cycle de l'esclavage a créé une autre différence brésilienne. Dans l'Amérique hispanique, il n'y a pas eu d'esclavage, essentiellement parce que la main-d'œuvre était indienne. On était dans une sorte de vide ethnique. Mais, notre grande originalité vient surtout d'un lien organique avec le monde africain, sans équivalent dans le reste du continent américain.

Un éveil national

D'autre part, le Brésil est devenu un pays de productions industrielles lourdes grâce et à partir de l'État. Les entrepreneurs privés s'occupaient de l'exportation des denrées alimentaires superflues. Le Brésil était un pays d'après le dessert ! Les cigares, le chocolat (le cacao) et le café. On se mettait à table, au moment où d'autres finissaient leur repas.

Une belle image, en particulier, pour qui veut être attentif à la représentation du temps.

Ce qui est fascinant dans cette histoire, c'est que le Brésil, en 1930, était le plus grand producteur mondial de café, avec 80 % de la production totale. Mais il y avait des excédents considérables. Ainsi, dans ma prime jeunesse, ai-je appris qu'être patriote, de façon kafkaïenne, c'était brûler la moitié du café produit par son pays. Brûler du café était l'acte patriotique par excellence, puisqu'il maintenait les cours. C'était la seule intervention de l'État dans l'économie. Quand les cours mondiaux du café baissaient, on modifiait le change, on dévaluait le *milréis*, la monnaie de l'époque. La dévaluation permettait de vendre davantage, mais le change devenait prohibitif pour ceux qui n'étaient pas dans le café. C'est ce que certains appelaient : « socialiser les pertes et capitaliser les bénéfices ». Cette situation créa un capitalisme qui n'épargnait pas, qui ne développait aucune innovation, et qui « gagnait » toujours grâce à ce système de socialisation des pertes par le marché des changes.

Lorsque le président Vargas[2] comprit que cette classe de capitalistes ne s'organiserait jamais pour développer le marché intérieur, il créa la première aciérie, celle de Volta Redonda, et surtout il encouragea l'épargne et l'investissement industriel. C'est dans cet esprit qu'il imposera également le salaire minimum, les congés payés, la retraite à 65 ans et les assurances santé. Pour toutes ces raisons, Vargas a été surnommé « le père des riches et la mère des pauvres ». C'était une figure très ambiguë. Renversé en 1945, il sera réélu président en 1950, et deviendra un héros national en se suicidant, au moment où les conservateurs voulaient à nouveau lui ravir le pouvoir. Il avait réuni les conditions pour faire avancer le changement de structures. Dans une telle perspective transformatrice, il est inutile d'avoir des constitutions splen-

---

2. Getúlio Vargas, porté par un coup d'État, fut désigné en 1930 président provisoire de la République, avec de très larges pouvoirs. Élu à la présidence de la République en juillet 1934, il démissionna (à la suite d'un nouveau coup d'État) en 1945. Il sera réélu à la même fonction en 1950 et se suicidera en août 1954.

Un éveil national

dides : ce n'est pas par le réformisme qu'un changement structurel s'accomplit, mais par un processus. Les choses changent à partir des relations de causalité plus ou moins profondes, qui provoquent leur induction et leur conditionnement. Il faut savoir attendre.

Il faut dire un mot du rayonnement équinoxial d'Auguste Comte[3], dont la postérité vivante, pas seulement philosophique, est au Brésil.

Une grande partie de l'élite brésilienne, jusqu'aux années soixante, fut littéralement gavée de positivisme. C'est d'ailleurs à Rio de Janeiro que se trouve le dernier temple positiviste. Le positivisme fut au Brésil une idéologie à très forte composante militaire. Les militaires portaient la République et la philosophie d'Auguste Comte. Teixeira Mendes en sera la tête civile et Benjamin

---

3. Auguste Comte (1798-1857) élabora une doctrine philosophique reposant sur la loi dite des «Trois états» (théologique, métaphysique et positif), qui concerne à la fois le développement spirituel de l'humanité, de toute science particulière et de l'individu (l'enfant donne des explications «théologiques», l'adolescent est «métaphysicien», l'adulte parvient à une conception «positiviste» des choses). La religion «positive» – que Comte proclamera – se fonde sur l'amour de l'humanité considérée comme le «Grand Être».

Constant l'apôtre, du haut de sa chaire de l'École militaire de Rio[4]. Au moment de la guerre contre le Paraguay, entre 1862 et 1870.

Pour un Français, cette guerre est un peu exotique.

Le Paraguay était un pays complètement fermé sur lui-même, avec une tradition de domination qui venait pour partie de l'influence des jésuites. À la suite d'un voyage à Paris où il s'éprit de Madame Lynch, une Irlandaise qui deviendra sa muse, le président paraguayen López, deuxième du nom, voulut devenir le conquérant de toute l'Amérique latine. Après avoir créé une armée de grande qualité, avec l'aide de la Prusse, il déclara la guerre, en même temps, au Brésil, à l'Uruguay et à l'Argentine. Le Brésil réalisa brutalement

---

4. Benjamin Constant Botelho de Magalhães, officier de l'armée brésilienne et professeur de mathématiques à l'École militaire de Rio de Janeiro, s'enthousiasma pour la philosophie d'Auguste Comte à la lecture du *Cours de philosophie positive*. Il participa aux activités du Centre positiviste fondé par le professeur António Carlos de Oliveira Guimarães, centre qui devait devenir en 1881 l'Église positiviste du Brésil, sous la direction de Miguel Lemos et de Raimundo Teixeira Mendes. C'est sous l'influence du positivisme que sera fondée la République (1889), instaurée la séparation de l'Église et de l'État et l'abolition de l'esclavage (1888).

qu'il lui fallait une armée. Les fils de famille devinrent officiers, la troupe fut composée d'esclaves noirs auxquels on promit l'affranchissement. Ce furent les premiers signes d'un mouvement anti-esclavagiste.

L'émancipation par la conscription, c'est très révolutionnaire !

Le Brésil était jusqu'alors exportateur, par cycles successifs, de sucre, puis d'or et de café. Les militaires vont être responsables d'un changement de dynamisme. Après la victoire, il était difficile de démobiliser cette classe émergente, ils ont été les premiers protagonistes à échapper aux inerties du système. Ils se sont servis des idées d'Auguste Comte. C'est à Benjamin Constant Botelho de Magalhães que l'on doit le choix de la devise qui orne le drapeau brésilien : « Ordre et progrès », une formule d'Auguste Comte. Le progrès certes, mais associé à l'ordre. C'est la première vision d'une histoire conçue comme processus, mais encore réglée sur les Lumières.

Le défi de la différence

Le positivisme a été un élément moteur dans la prise de conscience nationale, mais en même temps, il a servi les intérêts de la fermeture, de la clôture.

Avec le positivisme, et les militaires, une certaine idée du changement social prenait le pas sur la *realpolitik* des partis de l'Empire. En 1870, la République a eu son premier manifeste. La vie politique a connu alors une période faste, très démocratique au sein de la classe dominante, qui se partageait alternativement le pouvoir, entre conservateurs et libéraux.

L'empereur Pedro II était un savant, il connaissait le sanscrit, symbole d'une grande érudition aussi édifiante qu'inutile. Se voulant professeur devant son peuple, il tenait à participer aux examens oraux du collège secondaire qui portait son nom. À la fin de la guerre contre le Paraguay, il demanda que l'argent obtenu par souscription publique, en vue de lui élever une statue, serve plutôt à la construction de deux nouvelles écoles à Rio de Janeiro. Il avait pour grand ami un personnage mal étudié, responsable de certaines théories racistes, Arthur de Gobineau, qui est d'ailleurs venu au Brésil.

Le rêve de l'empereur était d'aller à Paris et d'assister aux séances de l'Académie française.

Un éveil national

Il a même rencontré Victor Hugo qui, dans Choses vues, *parle de cet empereur très francophile et, mieux encore, hugophile !*

La chronique orale de l'époque rapporte qu'il tendit la main à Victor Hugo, qui lui répondit : « Je ne serrerai plus dans le futur la main d'un empereur négrier ! » L'épisode frappa Pedro Segundo, qui ne tarda pas à faire avancer l'idée d'une abolition de l'esclavage. Elle se concrétisa le 13 mai 1888. Un an après, l'empire s'écroulait. Les bases économiques du système « esclavagiste » n'avaient pas été réorganisées pour assurer le fonctionnement du nouveau système.

L'empereur gardait son prestige. Après maintes hésitations, et dans un déploiement de parade, la République fut proclamée, le 15 novembre 1889[5]. Le peuple, si l'on en croit les journaux de l'époque, assista « hébété » à l'événement. L'empereur aurait pu, une fois encore, retarder le coup d'État, s'il s'était résolu à quitter son palais de Pétropolis et ses cures thermales, pour revenir dans la capitale. Ce fut, au bout du compte, par un vote que la Chambre des Députés accepta le changement formel de régime et la chute de l'Empire.

---

5. L'empereur Pedro Segundo (Pierre II) abdiqua en novembre 1889, à la suite d'une insurrection militaire dirigée par le général Manuel Deodoro da Fonseca, qui deviendra en 1891 le premier président de la République élu.

Le défi de la différence

L'idéologie qui a ainsi prévalu n'était pas nationale, mais républicaine et internationale. L'émergence d'une prise de conscience nationale est plus tardive. Pour la désigner, il y a un mot en portugais : *ufanismo* (de *ufanar*, être gonflé, être rempli de l'excellence de son pays ou de son lieu de naissance).

Il a un peu le sens de notre mot « chauvinisme ».

Le nationalisme arrivera tard, avec la génération des années cinquante, un nationalisme ni ingénu ni triomphaliste. À cet égard, les groupes marxistes ont joué un rôle très important. Le marxisme le plus radical est venu de l'armée : le capitaine Prestes[6] – qui s'était déclaré communiste après avoir tenté plusieurs séditions – a engagé

---

6. Celui que Jorge Amado surnomma « le Chevalier de l'espérance » (titre d'une biographie qu'il lui a consacré), Luis Carlos Prestes (1898-1990), jeune capitaine en 1924, souleva son bataillon pour appuyer la révolution dirigée par de jeunes lieutenants à São Paulo. Dans les années vingt, à la tête d'une colonne de quelques milliers d'hommes, il parcourut 26 000 kilomètres à travers le Brésil, affrontant à plusieurs reprises les forces gouvernementales bien supérieures en nombre. Exilé en Bolivie, en Argentine, en Uruguay et en URSS, il adhéra au parti communiste brésilien en 1930. Rentré illégalement dans son pays en 1935, il vécut le plus souvent entre clandestinité et emprisonnement.

Un éveil national

dans les années 1922-1924 sa première marche vers l'intérieur du Brésil. Il a fait naître l'idée que le Brésil devait entrer en possession de son espace continental, par une conquête du dedans. Comme marxiste, il était le contraire d'un nationaliste, mais il avait la volonté de faire émerger un nouveau mythe de transformation dans l'immensité brésilienne. La « colonne Prestes » a eu une très grande emprise sur notre imaginaire. C'est ce que Lula fera, à sa manière, lorsqu'il traversera le Brésil en 1994, avec ses fameuses caravanes. Je suis de ceux qui l'ont suivi.

Après cette première poussée, l'idée s'est imposée, dans les années cinquante, qu'il fallait pour le pays un projet, une identité, que la nation se pose explicitement comme sujet de son histoire. On se voulait, on s'éprouvait dans une nécessité de différence, et en même temps, quelque chose comme un « que faire ? » brésilien trouvait sa formulation, grâce à l'affaiblissement du système colonial et au développement économique commençant. Le « vouloir » national devenait une réalité, au-delà des rhétoriques « ufanistes » ou de l'idéalisme des élites figées de l'ancien régime.

2.
La singularité brésilienne

Comment expliquer que le Brésil n'ait pas connu le destin des autres pays d'Amérique latine : les guerres intestines, l'éclatement, le morcellement en plusieurs États, etc. ?

C'est assez curieux, en effet, mais assez facile à expliquer. Il y a eu d'abord le partage entre une Amérique hispanique et une Amérique portugaise. Par le traité de Tordesillas[1] (1494), le pape Alexandre VI, dont l'autorité s'exerçait sur l'ensemble du monde, a décrété le partage des terres entre les deux puissances maritimes de l'époque, le

---

1. Le 7 juin 1494, Alexandre VI contraint les rois d'Espagne et du Portugal à signer un traité qui traçait les limites de leurs possessions coloniales : « Leurs altesses souhaitent [...] que l'on trace et que l'on établisse sur ledit océan une frontière ou une ligne droite, de pôle à pôle, à savoir, du pôle arctique au pôle antarctique, qui soit

ponant au Portugal et le levant à l'Espagne. Le Brésil, si l'on regarde une carte, ce sont des forêts très épaisses et impénétrables, de la forêt amazonienne jusqu'aux remparts de la cordillère des Andes. Pour des raisons d'abord géographiques, on n'a pas eu de rapport de communication, ou d'intégration avec toute la partie longitudinale de l'Amérique latine où se jouaient les rivalités entre les États émergents de la Couronne espagnole.

En fait, dès l'indépendance ces pays ont été morcelés. Simon Bolivar, au début du XIXe siècle, alors qu'éclatait le vice-royaume de la Nouvelle-Grenade, créa la Colombie, en hommage à Christophe Colomb. On ne s'est jamais vraiment délivré de l'idée que l'Amérique aurait dû s'appeler « Colombie », et non « Amérique », d'après le prénom du navigateur italien Amerigo Vespucci. Un homme qui maîtrisait assez bien les « médias » de l'époque, si l'on peut dire, et qui apposait

---

située du nord au sud [...] à trois cent soixante-dix lieues des îles du Cap-Vert vers le ponant [...] ; tout ce qui jusqu'alors a été découvert ou à l'avenir sera découvert par le Roi de Portugal et ses navires, îles et continent, depuis ladite ligne telle qu'établie ci-dessus, en se dirigeant vers le levant [...] appartiendra au Roi de Portugal et à ses successeurs [...]. Et ainsi, tout ce qui, îles et continent [...], est déjà découvert ou viendra à être découvert par les Roi et Reine de Castille et d'Aragon [...], depuis ladite ligne [...] en allant vers le couchant [...] appartiendra auxdits Roi et Reine de Castille [...]. »

La singularité brésilienne

systématiquement son nom sur toutes les cartes : « Fait d'après – ou par – Vespucci ». L'Amérique aurait pu tout aussi bien s'appeler « Vespuccia » ! Bolivar donna le nom du navigateur génois au pays qu'il venait plus d'ériger que de libérer. Peu avant sa mort, les généraux qui étaient à ses côtés baptisèrent Bolivie le pays qui s'étend au sud du Pérou, deuxième Vice-royaume brisé par le héros-fondateur. Le premier « écartèlement » procède donc des rivalités entre les guerres d'indépendance elles-mêmes. L'éclatement de l'empire espagnol en Amérique du sud est le résultat des chevauchées des chefs militaires et claniques qui lancèrent des expéditions dans un intérieur absolument vide. Le Vice-royaume de Grenade sera divisé entre la Colombie, le Venezuela et l'Équateur, et le vice-royaume du Pérou entre le Pérou et la Bolivie.

Il y a aussi l'Argentine et le Chili.

Pendant longtemps, on a pu dire, à la suite de José de San Martín qui a réalisé l'indépendance de l'Argentine, que ce pays naissant, c'était la ville de Buenos Aires. Jusqu'à 1872, au sud du rio de la Plata, il n'y avait pas d'Argentine, il y avait la ville-État limitée au nord par les provinces intérieures de l'ancien vice-royaume, au sud par la *Terra Magellanica*, nommée ainsi en souvenir du premier navigateur à avoir franchi le cap Horn. Quant au Chili, il est resté emprisonné dans sa propre cordillère, et son indépendance n'est intervenue qu'en 1818, sous l'action de Bernardo O'Higgins[2].

Une fois encore, pourquoi le Brésil a-t-il échappé à pareil sort ?

La distance, et donc le manque d'interaction, a été un facteur majeur. Au moins quatre des neuf pays dont nous avons parlé sont le résultat des rivalités entre les libérateurs. Cela n'a jamais existé au Brésil, qui a été préservé par l'«écart» de la langue portugaise. C'est une explication facile. Les Brésiliens comprennent très bien l'espagnol, mais pas l'inverse. Nous sommes, en quelque sorte, l'espagnol à double verrou. Notre originalité «centripète» résulte aussi de la liaison organique avec le monde africain.

---

2. Le Chili proclama son indépendance en 1810. Il fallut plus de quinze ans de lutte pour que l'Espagne la reconnaisse. En 1818, Bernardo O'Higgins devint le premier chef d'État du Chili.

La singularité brésilienne

... qui va créer au Brésil une grande différence ethnique et culturelle.

Les hispaniques étaient presque tous consanguins. Avec l'esclavage, s'est créée chez nous une première économie nationale. Il y aura l'or au XVIIIe siècle, puis le roi café. Chaque siècle a eu son cycle. C'est une intégration naturelle : chaque région connaissait la plus grande prospérité avant de décliner ; une autre prenait alors le relais. Il y eut ainsi de grandes migrations internes. Le véritable héros de ce processus a été le bétail, car c'est lui qui permettait de nourrir ces populations migrantes et de favoriser leur pénétration sur des terres nouvellement exploitées. Au XVIIIe siècle, les Français se sont installés au Maranhão (au nord-est du Brésil) et ont développé la culture du coton. Ces cycles successifs constituèrent une charpente de cohésion et d'intégration remarquable.

L'axe Rio-Luanda va devenir un élément constitutif de la « brésilianité ».

Luanda (l'ancienne São Paulo de Loanda), dans l'actuel Angola, et Rio sont les premières métropoles de cet arpentage. Elles ont été marquées par deux cycles achevés d'organisations socio-économiques : le trafic d'esclaves, les *fazendas* (grandes propriétés agricoles), et leur système. Celles-ci sont très éloignées de la plantation classique et serviront de matrice à une économie soumise aux exigences du spectacle et de la *dispensatio* (ou gaspillage). Un axe direct de la traite négrière se fit entre Luanda et Rio, en marge de Lisbonne. Salvador de Sá parvint même, au XVIIe siècle, à s'emparer de la capitale du royaume Bantou.

Combien de Noirs furent « exportés » vers les Amériques nord et sud ?

On parle de dix millions d'individus en trois siècles. Il faut imaginer les expéditions montées pour transporter cette masse humaine ! Six millions d'entre eux débarqueront en Amérique du sud, dont cinq millions et demi au Brésil.

Et il y a l'Amazonie, immense et impénétrable.

L'Amazonie est sans doute le grand atout de notre imaginaire national. Ce grand « rien » qu'est la forêt amazonienne. L'immensité apprivoisée sur

La singularité brésilienne

la carte, enjeu majeur de prospective. Ce n'est qu'au cours de la deuxième moitié du XXe siècle qu'elle fut intégrée à la nation brésilienne, avec l'installation de grandes entreprises exportatrices de minerai de fer et de manganèse, dans la Serra dos Carajas et dans l'État d'Amapá, en même temps que se développait le réseau routier. À la force du mythe d'une puissance encore voilée, se joignait la richesse inachevée. Le poète Tasso da Silveira dit que l'Amazonie s'est « arrêtée » au troisième jour de la Création. Dans cette région, Dieu n'a pas séparé la terre des eaux.

Ces caractéristiques expliqueraient que le Brésil se soit tourné vers lui-même et la mer, alors que les pays hispaniques ont été plus longuement dépendants d'une métropole.

Ces pays étaient très liés à l'Espagne, qui avait mis en place une administration coloniale beaucoup plus poussée, avec des garnisons militaires assez importantes. Il n'y a pas une capitale de l'Amérique hispanique qui n'ait sa «*Plaza mayor*», lieu du spectacle de la colonie.

Le défi de la différence

La place hispanique est une sorte d'espace exemplaire, quasi « paradigmatique ».

C'est un espace civique : il s'agit de voir et d'être vu. C'est le lieu de la représentation. On ne peut concevoir une ville hispanique d'Amérique latine sans sa *Plaza*.

Ce n'est pas l'Agora, espace de la parole délibérante.

L'Agora me semble avoir été davantage le lieu d'un spectacle donné par les Grecs à eux-mêmes, l'homme libre avait besoin seulement de quelques amis. Ce n'est pas un espace de *représentation*, contrairement à la place hispanique. S'y déploient toutes les manifestations de la hiérarchie coloniale. Il n'y a rien d'équivalent dans l'empire portugais.

Les villes portugaises ont pourtant des places.

Lisbonne devra attendre le tremblement de terre de 1755 (celui dont parle Voltaire dans *Candide*) pour que soient entrepris des travaux monumentaux de ré-urbanisation, avec le Marques de Pombal, une place aux allures d'une royauté d'avant les Lumières. La splendide place du Commerce s'ouvre sur le Tage, répondant en miroir au Largo do Paço (Place du Palais) de Rio de Janeiro. Le roi Jean VI et sa Cour, fuyant Napoléon, n'auront qu'à traverser l'Atlantique, d'une place l'autre, sans grand dépaysement. Les villes du sud du Portugal, celles de l'Algarve, n'ont pas de place.

La place est, par excellence, une structure civique qui n'existe pas dans les pays coloniaux, sauf pour la représentation. Les Espagnols ont été beaucoup plus doués que les Portugais dans l'art de cour.

Comme l'a dit le jésuite catalan Baltasar Gracian : « Savoir faire et savoir montrer, c'est double savoir. Ce qui ne se voit point est comme s'il n'était point[3]. »

Ces diverses raisons nous font comprendre pourquoi le Brésil ne s'est pas divisé en une multitude d'États. Chaque siècle a connu une économie reine, c'est un point essentiel, ce qui entraînera une intégration par les entrées et les sorties d'un même flux économique. Dans les années trente, il y avait 22 pays d'Amérique latine hispanique et 22 provinces au Brésil !

---

3. Baltasar GRACIAN, *L'Homme de Cour*, CXXX.

Il faut insister sur l'apport culturel des esclaves noirs au Brésil. C'est la part africaine de votre pays. L'un de vos amis, Alberto da Costa e Silva, a consacré une étude magistrale à cette question[4].

Le Noir en Amérique latine hispanique était un choc exotique. Au Brésil, ce fut autre chose, il fut d'abord le support ostensible de l'architecture sociale. Il faut comparer avec les États-Unis, autre pays à avoir connu un esclavage massif. En Afrique même, l'esclavage était une affaire de Noirs, les Blancs intervenaient peu, telle tribu réduisait en esclavage les membres de telle autre tribu, qui finissaient dans les ports d'embarquement. C'est dans les bateaux qu'une première différence se manifestait. Les Nord-américains dissolvaient, décortiquaient les tribus, séparant les membres d'une même famille au départ des navires. Il ne devait pas y avoir dans le même transport la mère et le père, par exemple, pour briser toute identité, pour prévenir toute révolte.

Du point de vue d'une anthropologie culturelle, il est très intéressant d'étudier la manière dont les Noirs aux États-Unis ont perdu toute notion de leur identité africaine. Une famille qui reste unie

---

4. *A Manilha e o Libambo*, Editora Nova Fronteira, Rio de Janeiro, 2002.

conserve pour partie sa religion et sa cuisine. Il n'y a pas plus de cuisine africaine que de religion africaine aux États-Unis ! Au Brésil, c'est très différent. La cuisine des Noirs, et aussi leur religion exigent une structure familiale. C'est un problème de « trans-acculturation », si je puis dire.

Au Brésil, les Portugais vendaient les esclaves par familles entières, qui se réorganisaient à l'arrivée dans la *Casa grande* – et son contrepoint la *Senzala*[5] –, dont le sociologue Gilberto Freye a dressé un portrait d'anthologie[6].

Les langues africaines que parlaient les esclaves ont-elles longtemps subsisté ?

Très peu de temps. Les familles se sont mises très rapidement au portugais, un portugais basique. Nombre d'esclaves noirs au Brésil réussirent à s'échapper, créant dans le pays de véritables communautés, qui durèrent des décennies, qu'on appelle

---

5. La *Casa grande*, à l'époque de l'esclavage, est la maison du Maître (du planteur) ; la *Senzala*, le « quartier » des esclaves.
6. Gilberto FREYRE (1900-1987). Son ouvrage majeur, *Casa Grande e Senzala*, a été traduit en français, par Roger Bastide, sous le titre *Maîtres et esclaves, la formation de la société brésilienne*, Paris, Gallimard, coll. « Tel », 1978.

les *quilombos*[7]. C'est un mot qui vient du *quibundo*, une langue béninoise, et qui signifie : «union», «rassemblement», aussi bien entre esclaves fuyards qu'avec ce qui restait d'Indiens, toujours tenus à l'écart de l'esclavage par l'action missionnaire des Jésuites.

Les Noirs fugitifs reconstituaient leur identité culturelle et résistaient à toute nouvelle domination des *fazendeiros* (grands propriétaires terriens). Le Brésil fut couvert de *quilombos*, alors qu'il n'y en a pas eu un seul aux États-Unis. C'est un point majeur, si l'on veut comprendre l'identité brésilienne, qui n'est pas, comme le dira le poète Olavo Bilac, le «fruit amoureux de trois races tristes».

La troisième «race» est indienne. L'apport des Amérindiens semble avoir été beaucoup plus faible.

Sans commune mesure. Sur une population de 182 millions d'habitants, il ne reste aujourd'hui

---

7. Communautés libres d'esclaves évadés qui se constituèrent dès le début du XVIIᵉ siècle. Le plus fameux *quilombo* fut celui de Palmares (État d'Alagoas), où résidèrent quelques 200 000 Noirs, qui résisteront pendant plus de soixante ans aux attaques des Portugais et des Hollandais. Son dernier chef, Zumbi, sera assassiné en 1695. Le 20 novembre, jour de sa mort, a été décrété officiellement «Journée de la conscience noire» au Brésil.

que 200 000 autochtones, dont 60 % sont métissés. Un nouveau mouvement identitaire s'est développé ces dernières années, cherchant à fédérer les Indiens urbanisés qui seraient moins d'un demi-million d'âmes.

Lors de leur incursion brésilienne, les Français avaient soutenu les Indiens contre les Portugais.

En effet, mais l'installation française n'a pas été durable. Il y a eu les amiraux Coligny et Villegagnon, des calvinistes... Or, tropiques et calvinisme ne font pas bon ménage ! La France australe a tenu jusqu'au renforcement de la Gouvernance générale portugaise de Bahia.

Dans la baie de Rio, il y eut l'éphémère « France antarctique » (1555-1560) dont parle Montaigne dans les Essais *(« Des cannibales », I, 31).*

C'est à son époque que des Indiens brésiliens ont été exposés à Rouen, avec un certain succès de foire. Les Français cherchèrent à s'installer de nouveau au début du XVIIe siècle, plus au nord, dans le Maranhão, alors État séparé et comme jumeau du Brésil. Les Français du seigneur de la Ravardière y bâtirent une capitale et commencèrent la culture du coton. Un demi-siècle plus tard, ils réembarqueront pour s'installer en Guyane et dans les Caraïbes. La capitale de l'État de Maranhão, d'où vient toute ma famille, est la ville de Saint-Louis (São Luis), ainsi nommée en hommage au roi de France.

En vis-à-vis d'un autre Saint-Louis, de l'autre côté de l'Atlantique, au Sénégal.

3.
La construction d'une nation

J'aimerais que nous revenions à l'importance de la génération des années cinquante, la vôtre.

C'est avec cette génération qu'est née la prise de conscience nationaliste, qui nous a permis de revisiter notre passé pour en extraire, si l'on peut dire, les instances fondatrices d'une volonté nationale. Cette génération est anti-*ufaniste*, elle a voulu se créer une identité prospective. Le Brésil a été partie prenante dans la Deuxième Guerre mondiale, il a participé à la libération de l'Italie, à la prise du Monte Cassino et de Pistoia. Les militaires, une fois démobilisés, forts du contact avec la sophistication de l'armée américaine, fondèrent une école nationale de guerre, non seulement pour se préparer à d'éventuels conflits à venir, mais surtout pour développer – à partir de considérations géopolitiques et de l'idée de la grandeur du pays – une vision nationale et «identitaire». À la même époque fut également fondé l'Institut supérieur d'études brésiliennes (ISEB), dédié à l'analyse de la prise de conscience nationale émergente et à son impact politique et social. L'ISEB fut un foyer d'intellectuels. Il est très difficile d'expliquer à des interlocuteurs nord-américains ce qu'est un intellectuel.

C'est Zola qui a inventé cette figure moderne du devoir d'intervention de la pensée dans la réalité historique concrète, à l'occasion de l'affaire Dreyfus. Le grand littérateur s'est senti requis par l'époque. Mais Hugo ou Dumas, à leur manière, l'avaient déjà fait.

Le culte de l'intellectuel a grandi dans les années cinquante.

Au Brésil, les premiers cours universitaires de sciences sociales, stricto sensu, au-delà du trivium (le droit, la médecine, l'ingénierie) de l'establishment, furent dispensés dans ce qui est aujourd'hui l'Université Candido Mendes, fondée en 1902 par votre grand-père. La création d'universités est chose tardive au Brésil.

La construction d'une nation

En 1922 fut fondée la Faculté des sciences politiques et économiques de Rio de Janeiro, qui n'aura d'équivalent public que quinze ans plus tard. Mon grand-père s'inspira, pour l'organisation des études, des programmes d'Harvard et de Cambridge. Dans une perspective encore classique, les facultés n'étaient créées que ponctuellement, sans qu'intervienne l'idée d'une « universalité » du savoir, d'une interdisciplinarité croissante. L'*establishment* ne réclamait pas une telle institution. Ce fut à l'occasion d'une visite officielle du roi des Belges, Albert Ier, pour les fêtes du premier centenaire de l'indépendance, que se constitua formellement l'université du Brésil, afin que le monarque puisse recevoir le titre de docteur *honoris causa* en droit!

Quelle était la « voie royale » des humanités, celle que privilégiaient les élites ?

Selon une tradition portugaise, l'humanisme était transmis par le biais des écoles de droit. Durant toute la vieille République, de 1889 à 1930, trois maréchaux et huit avocats furent présidents. Le Brésil a la culture des « bacheliers », comme on dit. Toute l'élite dirigeante des années trente, jusqu'à la période Vargas, fut constituée de juristes. Il faudra attendre 1955, pour qu'un premier médecin, en la personne de Juscelino Kubitschek, accède au pouvoir. On attend encore un ingénieur. Mais c'est à Kubitschek que l'on doit le lancement de grands travaux publics, qui aboutirent à la naissance de Brasilia, première assomption du développement comme projet historique national, ouvrant sur un nouveau temps-axe. Au lieu du «ordre et progrès» positiviste apparut une nouvelle devise, «50 ans en 5 ans», symbole d'un saut en avant qui créa une nouvelle confiance nationale et un détachement définitif, pour achever la grandeur voulue, à l'égard de toute inertie.

Quel est l'«esprit» du droit brésilien?

Il vient directement du droit romain via les *Ordonnances Manuelines et Philippines*[1] que nous a léguées le Portugal, et qui sont restées en vigueur jusqu'en 1916, date de création de notre code civil. Jusque-là, nous étions régis par la législation portugaise, sans passer par le code Napoléon, que mon arrière-grand-père, Candido Mendes, compila et

---

1. *Ordenações Manuelinas (1521-1603) e Filipinas (1603-1867)* : codifications du droit portugais inspirées du droit romain.

annota pour les besoins de l'Empire naissant. C'est dans le cadre des facultés de droit, qu'émergea, dans les années vingt, une première intelligentsia.

Nous devons les premiers efforts soutenus d'échanges internationaux à l'Université de São Paulo – université de l'État fédéré, et non de l'Union. Ainsi, la France enverra-t-elle au Brésil dans les années trente, des penseurs de grande stature comme Claude Lévi-Strauss, Fernand Braudel ou Roger Bastide, aux côtés d'un éveilleur continuel comme Jean Moguê. *Tristes tropiques* deviendra, comme on le sait, l'ouvrage clé de l'anthropologie structurale contemporaine.

Vous avez dit précédemment que le Brésil est un pays d'«après le dessert». Une belle image, mais quand on arrive au dessert, c'est que le repas est déjà passé. Cela est-il indicatif, en quelque façon, de la manière dont les Brésiliens vivent le temps?

Votre question concerne les temps externe et interne à la mouvance brésilienne. Lorsque l'on disait à la Belle Époque que l'Europe s'inclinait devant le Brésil, c'était dans une perspective exclusivement française. Santos-Dumont, le père de l'aviation, originaire du Minas, est-il un héros brésilien ou français ? Il a tout fait à Paris. C'était un milliardaire, qui avait bien su utiliser l'argent du café pour se rendre dans la capitale française et se montrer lors d'exhibitions spectaculaires, contournant la Tour Eiffel ou décollant de Bagatelle. Il fut le héros brésilien le plus célèbre de l'époque. Mais, ce qu'il fit, il le fit en France, avec la technologie française et pour un parterre français. Ce sera le cas aussi de Rui Barbosa, éminent juriste, à l'origine de la première Constitution brésilienne de la République (1892). Il deviendra le Brésilien hors pair des conférences de La Haye au début du XXe siècle, réfléchissant à ce que pourrait être la paix dans le monde avec l'Entente cordiale. Il étonnait, parce qu'il parlait parfaitement le français et l'anglais.

Il y aura aussi le puissant tropisme nord-américain.

Dans les années cinquante, à la différence de ce qui s'est passé lors de la première République, l'intelligentsia s'est complètement tournée vers les États-Unis, en raison des programmes de coopération des grandes fondations américaines et surtout du fait que l'anglais était la langue des vainqueurs. Les Américains ont beaucoup joué de cela. Après Kubitschek, leurs grandes compagnies sont venues s'installer au Brésil, en plus grand nombre que les européennes. Pour la France, le Brésil n'était plus une priorité. La priorité, c'était de faire l'Europe, de reconsolider son rayonnement continental. Il y a eu une réduction très sensible de la présence française chez nous, et plus généralement en Amérique latine. Je crois que la France a laissé filer une grande occasion.

Le Brésil et les États-Unis sont deux pays neufs qui ne vivent pas la nouveauté de la même manière.

Un pays qui a été colonisé par des minorités protestantes est marqué par un individualisme fondamental, qui place l'efficacité au-dessus de tout. L'éthique protestante et l'esprit du capitalisme, pour parler comme Max Weber.

Et par l'héritage de la philosophie anglaise.

C'est un pragmatisme radical. Le travail a été associé au salut, aussi bien temporel que spirituel. Ce n'est pas le cas du Brésil, qui fut un entrepôt de conquête pour les Portugais, dans leur stratégie de contrôle de l'Océan, toujours en contrepoint de l'Afrique. Les premiers missionnaires disaient que les Brésiliens restaient sur les plages « à gratter la terre comme des crabes ». Curieusement, on n'a pas de tombes portugaises dans les cimetières du XVIe siècle. Ils revenaient toujours au pays. C'est une autre très grande différence. Ils ne venaient pas au Brésil pour s'établir et créer une nation, comme les Protestants anglais aux États-Unis, ils débarquaient pour gagner de l'argent et le dépenser chez eux, en métropole. Toutes les activités commerciales de quelque envergure (les extractions minières, l'administration des ports, etc.) étaient un monopole d'État. Il n'y avait pas de marchands, en tout cas aucune tradition marchande, ni épargne.

Il n'y a pas eu les conditions d'une accumulation primitive du capital, pour parler comme les économistes marxistes.

Aucune accumulation primitive. Sans système bancaire, il n'était même pas possible de rapatrier sa fortune au Portugal. La pierre précieuse était le meilleur moyen de thésaurisation. Sans épargne bancaire, on ne pouvait pas jeter les bases d'un capital créateur. C'est encore une différence essentielle avec les États-Unis, qui en plus sont riches en charbon, en pétrole et en fer. Le Brésil n'a qu'un charbon piteux, et jusque dans les années soixante-dix, aucun pétrole.

La base énergétique de la révolution industrielle faisait donc défaut. Et le fer ?

Nous avons les plus grandes réserves d'hématite du monde, l'un des principaux minerais de fer. Avec les gisements d'hydrocarbure récemment découverts à Rio et dans l'État d'Espírito Santo, aux larges de nos côtes, on peut imaginer, à très court terme, une autosuffisance pétrolière. Nous assurons déjà 80 % de nos besoins. Les États-Unis, pour poursuivre notre comparaison, bénéficient de cette chose naturelle extraordinaire qu'est le Mississipi – et ses affluents. Il y avait, par capillarité, une pénétration territoriale naturelle, c'était pour les occupants comme conquérir un pays au moyen d'une échelle mouvante. En dehors de l'horizon amazonien, le Brésil a aussi un grand fleuve, le São Francisco, mais qui au lieu de plonger vers l'intérieur du pays, forme précipitamment une courbe pour se précipiter vers la côte.

Le défi de la différence

Les premiers navigateurs croyaient que Rio était l'embouchure d'un fleuve.

Les premiers navigateurs portugais étaient assez paresseux... Ils ne dépassèrent pas l'ouverture de la baie et consignèrent sur leur livre de bord, le 20 janvier 1553, la découverte d'un fleuve nonchalant : «Perçu le Rio de Janeiro» (littéralement le «Rivière de janvier»). Quant à l'Amazonie, c'est un monde immense qu'on n'imagine pas pouvoir pénétrer de façon capillaire, point par point, dans une continuité. Elle reste le lieu de la mise en œuvre de grands travaux de développement, qui permettront de réaliser de véritables sauts stratégiques, comme c'est le cas, déjà, avec le projet d'extraction combinée de fer, de bauxite et de kaolin dans la région de Carajas.

Par la géographie, par les ressources industrielles, par le type de colonisation, par le temps historique, la différence entre le Brésil et les États-Unis est très grande. On a un dicton au Brésil, qui dit : «Dieu est brésilien, mais avant cela il est américain.»

4.
Émergence d'une conscience nationale

Dans l'après-guerre, émerge progressivement une conscience nationale brésilienne.

Le Brésil a été très longtemps dominé par l'idée de transposition métropolitaine, avec la réflexion, le miroir et la copie. Cela s'est produit sur toute l'étendue du continent sud-américain, mais davantage encore chez nous, car, cernés par notre immensité, nous avions une impression d'isolement continental. Le Brésil n'entretenait pas de relation importante avec le reste de l'Amérique latine. On ne peut pas écrire l'histoire de l'Europe occidentale sans parler du couple franco-allemand. Vous avez à vos frontières les yeux de l'autre, si l'on peut dire. Le Brésil n'a jamais été façonné par l'autre, d'une manière continue. Il y a eu, à la rigueur, de la fin de la Belle Époque aux années trente, le contrepoint avec l'Argentine plus prospère, plus métropolitaine, plus *mimétique* que nous. Mais ce «vis-à-vis» a été modifié en profondeur par l'accélération de notre croissance. Quelle commune mesure y a-t-il entre un pays de 30 millions d'habitants et un sous-continent de 182 millions?

> *Il y a l'Autre « transatlantique » – le Portugal, en l'occurrence –, mais c'est celui dont on procède, un quasi-géniteur. C'est très différent. Ce qui fait défaut, dans le cas du Brésil, si je vous comprends bien, c'est une symétrie, comme dans le cas de l'Allemagne et de la France. Avec les risques de l'affrontement majeur que fait courir un tel vis-à-vis.*

Nous ne nous tenions pas à une frontière, d'où nous aurions pu voir l'autre improvisant. Suivant l'idée d'Arnold Toynbee[1], les barbares imitent l'empire.

Nous avons eu trop de «sidération» initiale pour avoir une identité. C'est la question du miroir

---

1. Arnold Toynbee (1889-1975). Diplomate, helléniste et historien britannique, directeur des études au Royal Institute of International Affairs, qui conçut une théorie cyclique de l'évolution des civilisations. *Study of History* (12 vol., 1934-1961). En français : *L'Histoire, un essai d'interprétation*, Paris, Gallimard, «Bibliothèque des Idées», 1951.

qui est ici essentielle. Nous avons été des imitateurs. Notre Académie des Lettres brésiliennes est une imitation de la vôtre. Pour les barbares que nous étions, avec sa micro-élite ornementale, le modèle était français. Du point de vue culturel, le Brésil, tout en reconnaissant la domination américaine, considérait que l'intellectuel était une idée essentiellement française. Une fois de plus, l'intellectuel américain n'existe pas. Un universitaire américain, par exemple, ne se salit pas les mains à brandir des calicots ou à signer des manifestes.

Il y a une idée qui vous est chère, celle de «limen». *Vous aimez jouer de la distinction latine entre* «limen», *le seuil, et* «limes», *la frontière, la ligne de séparation et de défense (cf. chap. 6). Aujourd'hui, nous serions comme des barbares, mais sans Rome, privés des limites de l'Empire, privés de l'*«umbilicum mundis» *(l'ombilic du monde).*

C'est avec la globalisation, que la notion du «*limen*» (d'origine romaine mais revisitée par Toynbee) devient essentielle, en tant que repli défensif de la différence. Avec la globalisation, il y a le monde «recteur» et le reste du monde, mais qui est déjà encerclé par la virtualité. Avec la globalisation, il n'y a plus de « chez soi ». Nous sommes tous sortis du miroir, pour être pratiquement clonés. En ce sens, en effet, il n'y a plus de barbares.

Le Brésil n'a donc pas réalisé l'État-nation qui lui assurerait une subsistance.

Tous les pays d'Amérique latine ont été – à des époques différentes – plus ou moins habités par l'idée d'État-nation, mais aucun ne l'a réalisé de façon stable, ce qui signifierait que le développement soutenu a été atteint. L'idée de Raul Prebisch[2], celle de la génération de l'ISEB ou des économistes de la CEPAL, était que le Brésil, comme l'Argentine et le Chili, devienne un pour-soi, et qu'à cette fin, il se pose en nation. La littérature américaine de l'époque était emplie du concept de *nation-building* (construction nationale). Mais ce grand mythe fondateur – ici comme ailleurs – restera un vœu pieux. Nous avons été « dressés » pour le *nation-building* et nécessairement pour le *take-off*, le « décollage ». Quand on

---

2. Économiste argentin (1901-1986). Il fut le secrétaire général de la CEPAL (Commission d'Études Politiques pour l'Amérique Latine, mise en place à la fin des années quarante par l'ONU) qui préconisait des stratégies d'industrialisation par substitution d'importations.

rate le *take-off* – je reviens à l'idée de saut et du temps-axe –, c'est qu'on a laissé filer la chance.

Avec la construction de l'État, une autre temporalité se profile.

Il nous manquait un réel corpus national, pour nous sentir dans un «en-soi». Pour cette raison, nous avons été saisis par le temps-axe et avons échoué. Provoquant une décadence prématurée susceptible d'être travaillée par d'éventuelles récupérations historiques subtiles. C'est à ce propos, que je parle de l'«hellénisme atlantique».

C'est une idée-maîtresse de votre pensée et de votre action.

Il faut commencer par notre déclaration d'indépendance. Celle-ci remonte à Pierre 1er (Pedro I), en 1822, et s'est passée avec une grande douceur. Le cérémonial se fit au cri de l'Ypiranga[3], sans se priver des effets de la meilleure rhétorique :

---

3. Ypiranga, du nom du cours d'eau qui coule à São Paulo, devant lequel Pedro I (Pierre I er) fit sa proclamation.

« L'indépendance ou la mort ! » Jean VI, son père, le roi du Portugal, après son retour sur le trône, dont il avait été chassé par Napoléon, constate que l'idée d'indépendance a fait son chemin dans l'Amérique hispanique. Il dit alors à son fils : « Reste au Brésil, et si la pression monte, mets la couronne sur ta tête, avant qu'un aventurier ne le fasse à ta place ! » L'indépendance politique créa un imaginaire de l'autonomie sans réalité effective. Nous avons connu cent ans de déchirement entre la convoitise du pour-soi et une économie qui restait assujettie aux premiers cycles du grand capitalisme colonial européen de la fin du XIXe et du début du XXe siècle. Dominé par les banques britanniques, le Brésil est devenu une sorte de fief des Anglais, parce qu'ils dominaient alors toutes les voies océaniques, et surtout parce que les premiers grands emprunts ont été faits en livres sterling auprès de la banque Rothschild.

Il y a le temps des constructions nationales, mais ce temps va faire défaut avec le surgissement d'une autre temporalité, rythmée par le capitalisme.

Nous avons perdu à la onzième heure, à la fin du siècle dernier. Nous sommes des niches du dévelop-

Émergence d'une conscience nationale

pement arrêté et du nationalisme fauché, bien que nous restions hantés par cette grande idée. Vous comprenez pourquoi nous n'avons pas un grand *épos* dans nos pays. L'*épos* serait celui de la nation finalement réussie, de son destin enfin maîtrisé.

*Précisons cette notion d'*épos.

Elle vient de la sociologie de la culture et des réflexions de Paul Ricœur sur le « temps intérieur » du récit. L'*épos* est une catégorie des vécus collectifs. Il traduit le déplacement de l'événement objectif – noble ou héroïque, grandi par la chronique et le faste – qui s'installe dans la mémoire collective en tant qu'épopée.

*L'*épos *qui anime l'épopée. L'*épos, *en tant que catégorie de l'expérience collective. On ne vous a pas dépossédés d'une souveraineté, mais de la possibilité d'accomplir cette souveraineté.*

L'accomplissement de cette « souveraineté nationale » serait le développement. Nous avons tous été acculés à la marginalité, par l'entrée en crise de l'industrialisation que l'État n'a pas pu soutenir, comme on le souhaitait. Mais surtout parce que, de plus en plus, le temps national a été pris entre le temps colonial et le temps mondial. C'est alors que l'on a pensé à réactiver les racines de la différence. En Amérique latine, on a gardé en veilleuse ce qui peut être notre *épos*. L'hellénistique[4] occidentale, à l'œuvre dans cette Atlantique, nous fournit, d'un seul coup, comme un dépôt nous permettant de percevoir et de conserver notre identité.

Si je vous comprends bien, l'Amérique latine, face à l'Amérique anglo-saxonne, serait une sorte de refuge «hellénistique» (à la manière de la culture grecque repliée à Alexandrie), un pôle de résistance pour une possible re-fertilisation du «monde».

Nous avons bâti un monde dans l'attente d'une histoire en laquelle la grammaire d'un discours de la représentation se dédouble en moments constitutifs et remarquables. Notre hellénistique n'est pas celle du *Logos*, retraduit en Verbe (hellénistique historique), mais celle de l'imaginaire *vigilant*. Nous vivons l'excès d'un onirisme fondateur, un

---

4. C'est à dessein que nous substantivons l'adjectif.

peu « retombé », servant aujourd'hui de réserve qui s'imposera quelque jour à la future décadence de la mondialisation.

Pour les exclus de la mondialisation, un refuge possible dans un imaginaire identitaire.

Il suffit d'observer, dans l'extraordinaire littérature de l'Amérique latine contemporaine, la construction, étape par étape, du discours de notre temps intérieur, cherchant à s'implanter. Il y a la fuite dans l'onirique d'un Gabriel García Márquez dans *Cent ans de solitude*[5]. Les qualités littéraires mises à part, comment expliquer le succès considérable rencontré par ce roman ? Sinon, parce que le village de Macondo – cadre du livre –, c'est le retour au Paradis, l'échappement complet, l'onirisme intégral. C'est devenu l'un des mythes de l'Amérique latine. Il y a aussi le mythe de l'ambiguïté avec Artemio Cruz[6], le héros de Carlos Fuentes, qui vit de la délation. C'est un peu le

---

5. Traduit de l'espagnol (Colombie) par Claude et Carmen Durand, Paris, Seuil, 1968.
6. *La Mort d'Artemio Cruz*, traduit de l'espagnol (Mexique) par Robert Marrast, Gallimard, Paris, 1966.

drame de l'ambiguïté. Un pestiféré devient en même temps une sorte de totem protecteur. Dans la grande littérature hispanique d'Amérique latine, on trouve les grandes␣sagas, les épopées toujours familiales, suivant un processus quasi utérin. Ernesto Sábato[7] et Carlos Fuentes s'inscrivent dans cette mouvance. De ces œuvres, ne surgit pas le pour-soi d'une réalité sociale achevée devenue destin, ce qui explique leur succès. Augusto Roa Bastos, le grand Paraguayen qui a écrit *Yo, El Supremo*[8], retrace la création d'un pays qui est devenu la pulsation d'un seul personnage, mais c'est une véritable « introversion » : le dictateur s'enivre de son peuple, plus encore il *est* son peuple. Je le range aux côtés de la famille Cordoba de Sábato, et de tous les livres de notre cher Carlos Fuentes où l'on retrouve toujours cette même notion fondamentale. Ceci est essentiel pour comprendre l'hellénistique, car nous avons là tous les signes de la décadence prématurée, ou plutôt d'un *épos* qui demeure en veilleuse.

---

7. Écrivain argentin né en 1911.
8. *Moi, le suprême*, traduit de l'espagnol par Antoine Berman, Seuil, 1993.

Émergence d'une conscience nationale

C'est un aspect que vous avez développé dans votre Latinité et hellénistique occidentale[9]. *« Nous avons bâti un monde, dites-vous, en attente d'une histoire. »*

Tout cela pour dire l'essentiel de cette hellénistique : nous n'avons pas été des élèves, nous sommes des *hellénistiques*, non des *hellénisants*. Nous avons notre Alexandrie, qui est Buenos Aires. Alexandrie fut la capitale métaphysique de l'hellénisme, elle fut le centre de la mémoire du monde grec.

Buenos Aires, comme Alexandrie, ne serait que la mémoire d'un monde passé et d'une culture disparue. Buenos Aires, la capitale d'« un exode vers le dedans », selon votre expression. Borges illustre bien les ambiguïtés de cette mémoire d'un monde disparu.

Borges se perd dans sa ville, qui est une sorte de dédale, comme une platitude écrasée. Capitale métaphysique de l'hellénisme atlantique, Buenos Aires est passée d'une expression fulgurante à une décadence somptuaire.

---

9. *Latinité et hellénistique occidentale*, Académie de la latinité, *Textes de référence*, Rio de Janeiro, 2002.

Le défi de la différence

Pour pouvoir penser l'universel de la latinité, il est nécessaire, avant tout, de discerner ce nouveau refuge, entre Éphèse et Hippone, où se cache le processus de culture de notre temps, camouflé face à l'hégémonie – pareil aux gnostiques qui finirent par réapparaître sous la forme des Albigeois. Un épicentre secret, où Buenos Aires demeure pour nous comme une nouvelle Alexandrie.

Il y a pour vous une hellénistique atlantique de la latinité.

La grande idée, si vous voulez, c'est que nous sortons du cénacle fermé de la Méditerranée pour un espace ouvert. Les Portugais ont commencé par voir l'Atlantique comme une Méditerranée élargie, avec tous les comptoirs le long de la côte africaine occidentale. Puis, apparaît l'idée que l'Atlantique, c'est l'océan, la large mer, qui est d'abord une histoire portugaise et espagnole.

« Il faut labourer la mer », disait Bolivar.

Un poète français dira : « Dans l'océan, il y a trop de mer… » C'est une pensée méditerranéenne.

Émergence d'une conscience nationale

Le mot Méditerranée privilégie la terre sur la mer, la mer est enserrée par les terres.

Dans toutes nos régions, il y a d'abord la copie, car nous n'avons pas d'histoire. Après la période de la vision métropolitaine en miroir, il y a eu la génération du nationalisme raté. Ou bien il y a la saga familiale qui n'aboutit pas, ou bien la fuite dans l'imaginaire, ou encore la recherche de possibles mythes fondateurs dans le passé historique. Le Brésil n'a pas de fuite dans l'imaginaire ou dans l'onirique, il n'a pas d'histoires de famille, parce qu'il n'a pas connu la même immigration que l'Amérique hispanique, et surtout parce que les familles ont été immédiatement prises dans de grands mouvements de migration interne. Les Argentins sont à Buenos Aires, étalage d'un dédoublement infini.

On retrouve l'absence des places, de la représentation et de la recherche d'une perpétuelle reconnaissance.

En effet. Il n'y a pas d'*épos* possible dans une histoire déjà conçue comme violée par l'imitation. Les élites appartiennent à ces générations qui ont raté le développement. C'est pour cela que je dis que les Péruviens, les Colombiens, les Paraguayens, les Argentins, etc. sont tous concernés par cet échec. Roa Bastos a remarquablement incarné cette situation avec son personnage, le docteur Francia, un dictateur plus grand que son pays.

L'Amérique hispanique a des mythes fondateurs.

Ils sont quasi fondateurs. L'histoire d'une famille peut seulement devenir prémonitoire d'une nation. Ce sont les héros de Sábato, de Fuentes, etc. Dans le cas du Brésil, il y aurait encore des *lores*.

Quel sens donnez-vous à ce mot « lore », qui appartient au vocabulaire de l'anthropologie culturelle américaine?

Ce sont les premiers ébrouements d'un inconscient collectif qui émerge de la nature, qui s'arrache à l'inertie. Rompant avec l'immobilisme, on commence à raconter l'histoire, à devenir histoire. Au Brésil, il y a eu un *lore* particulièrement tra-

Émergence d'une conscience nationale

gique : la destruction complète par l'armée, pendant la guerre de Canudos[10] (1896-1897), d'un groupe de fanatiques irréductibles. Cela donnera les *Sertões* (1902) d'Euclides da Cunha, le plus grand livre brésilien du genre, avant le *Grande Sertão* (1956) de João Guimarães Rosa[11].

Le Sertão est une très vaste région de l'intérieur du Brésil où la « civilisation » n'a pas encore pénétré.

Le Péruvien Mario Vargas Llosa a repris cette idée, dans *La Guerre de la fin du monde*[12], répétant Euclides, avec la destruction complète d'une bourgade, où un personnage qui se pose en messie avait créé une monarchie indépendante. On assiste à la naissance d'un peuple qui résiste à une armée, les premiers soubresauts d'une

---

10. Dans le village de Canudos (Nordeste), plusieurs milliers de paysans se révoltèrent, emmenés par le prédicateur Antonio Conselheiro. La rébellion, qui dura un an, fut très violemment réprimée par l'armée de la jeune République brésilienne.

11. Euclides DA CUNHA, *Hautes terres : la guerre de Canudos*, traduit du portugais par Jorge Coli et Antoine Seel, Métailié, 1997 ; João GUIMARÃES ROSA, *Diadorim*, traduit par Maryvonne Lapouge-Piettorelli, nouv. éd., Paris, Albin Michel, 2006.

12. Mario VARGAS LLOSA, *La Guerre de la fin du monde*, traduit de l'espagnol par Albert Ben Soussan, Paris, Gallimard, 1987.

conscience qui fait face à un appareil. Euclides da Cunha montre bien dans les *Sertões*, que le progrès c'est l'appareil, c'est la machine. Il y a des pages extraordinaires sur la « routinisation », la brutalité inertielle de cette armée, qui avait déjà donné sa mesure dans la guerre contre le Paraguay, trente ans auparavant. Et il y a un peuple qui naît, soudainement, de l'envoûtement du « prophète » Antonio Conselheiro. Le contexte étouffe le héros, la contradiction le broie. Le livre a pour sous-titre : *Une psychopathologie brésilienne.* Il y a, à la fois, un aveuglement héroïque et un martyre tout aussi incongru.

En somme, le Brésil n'a pas de véritable héros.

Sauf Vargas, et ce n'est pas rien ! Après avoir été « la mère des pauvres et le père des riches » – ambiguïté limite –, Vargas est revenu au pouvoir, créant un nationalisme de base, développant l'industrie pétrolière d'État, qui deviendra la Petrobras, l'électricité d'État, l'Electrobras. Mais bientôt, la balance des exportations deviendra déficitaire, et l'inflation grandit… Les militaires et la classe des vieux libéraux chercheront à le faire partir. Vargas avait déjà renoncé une première fois au pouvoir, en 1945, mais

Émergence d'une conscience nationale

était revenu à l'insu du peuple, en 1950. Il restera au pouvoir jusqu'en 1954. Après avoir été sommé par les militaires de se retirer une nouvelle fois, il leur demanda à réfléchir pour donner sa réponse. Le lendemain, dans sa chambre, il s'est tiré une balle dans le cœur, en laissant un document qui peut passer pour le «testament-clé» du nationalisme brésilien. «Je quitte la vie pour entrer dans l'histoire», écrit-il.

C'est une conscience nationale en creux, si l'on peut dire.

Je vous quitte, dit-il, mais il n'y a pas eu de révolution sanglante. Vargas donne son sang. Il l'échange, en quelque sorte, contre celui du peuple pour qu'il connaisse le réveil définitif.

Un acte sacrificiel étonnant. Ceci est mon corps, ceci est mon sang.

C'est exactement un acte sacrificiel. Va naître alors, la première conscience de classe au Brésil. Je vais vous raconter une anecdote : j'allais à mon bureau, il devait être 8 heures du matin, lorsque j'ai entendu à la radio, dans ma voiture, la nouvelle du suicide de Vargas. Au moment de me garer, le gardien du parking – nous nous connaissions pourtant – m'a interpellé en ces termes : « Petit riche, tu crois que je vais garder ta voiture ? Va ailleurs ! On a tué le vieux, on va descendre dans la rue ! » Une métamorphose saisissante. Ce fut une première cassure fondamentale. Elle n'a été symboliquement dépassée que par l'avènement récent du président Lula. La conscience qui a été ratifiée par un sacrifice – consenti pour qu'advienne un avenir – a finalement été scellée par Lula, cinquante ans plus tard. C'est une idée-force de ma réflexion.

Il y a une dimension à la fois tragique et mystique. Le tragique, c'est ce qui résiste à la conciliation, d'où la mort comme seule issue, mais en même temps, le sacrifice féconde l'avenir.

Il y a également une dimension épique. Soudainement, à un moment donné, une langue est fondée. Ce n'est pas sans analogie avec la conquête de notre temps intérieur. En renommant les choses, on rend la terre connaissable. Il y a eu un changement foncier de la langue portugaise par l'intermédiaire de Guimarães Rosa. Le livre d'Euclides da Cunha a pour titre : *Os Sertões*, ce qui veut dire « Les

Émergence d'une conscience nationale

grands confins[13] intérieurs». Celui de Guimarães Rosa : *Grande Sertão*, «Les *grands grands* confins intérieurs». Euclides da Cunha et Guimarães Rosa sont les deux fondateurs du dire brésilien.

Ils ont donc formé non seulement une langue brésilienne, mais un éthos.

Un seul homme a refaçonné la langue portugaise. Guimarães Rosa a créé une future langue brésilienne... Il n'y a pas d'épopée plus métonymique et métaphorique que celle d'Homère. C'est presque «digital», dans la continuité des gestes. La figuration passe tout entière par une métonymie. Or, il n'y a rien de plus métonymique que le langage créé par Guimarães Rosa. Au lieu de dire, par exemple : «Ce bouton», il dit : «Ce morceau d'ivoire sur lequel je mets mon doigt». Il faudrait faire une lecture homérique de Guimarães Rosa.

*

---
13. Le mot «Sertão» comporte aussi en portugais l'idée d'aridité.

Le défi de la différence

La latinité présente un certain nombre de caractéristiques remarquables, qui la distingue du monde anglo-saxon.

On peut en retenir trois : l'État, le pluralisme et le syncrétisme. La latinité est empreinte de l'*État*, d'une culture de l'État, qui est un legs de l'empire Romain ; elle est un *pluralisme* essentiel, ce dont témoigne la coexistence de ses différences constitutives, vieilles charpentes et vieux scénarios de la Méditerranée, élargie à l'espace atlantique. Un pluralisme qui s'exprime remarquablement dans le *syncrétisme* : les structures s'enchevêtrent, s'emboîtent. Il suffit de constater l'interpénétration religieuse, si remarquable au Brésil, avec le succès des églises protestantes, d'origine nord-américaine, qui sont en train de gagner des masses de nouveaux croyants en organisant des exorcismes à grand spectacle. C'est inconcevable dans l'Occident « dur ». Ces phénomènes montrent de plus en plus qu'il n'y a pas simplement un pluralisme de coexistence, mais une véritable incorporation. De vieux symboles sont repris dans des identités immédiates, réalisant la synthèse de diverses icônes.

Émergence d'une conscience nationale

État, pluralisme et syncrétisme… Une trinité qui mérite d'être définie en profondeur. Commençons par l'État.

La péninsule Ibérique, et c'est une exception en Occident, n'a pas connu de féodalisme, *stricto sensu*. L'organisation nationale est devenue l'affaire de l'État. C'est lui qui promeut, qui organise, qui fonde. Les grandes aventures maritimes ont été l'affaire du roi. Il n'y a pas eu d'entrepreneur, figure clé de l'«autre» monde. Au moment de la conquête du Brésil, pour maintenir la cohésion de telles immensités, le roi du Portugal, tranchant à l'horizontale chaque partie du Brésil, décida de les confier à des *donatarios*, des nobles portugais devenus en quelque sorte les propriétaires de ces grands territoires. C'est la patrimonialisation du Brésil. Il y a eu quinze *donatarias*. Deux seulement ont prospéré, le Pernambuco et le São Paulo. Les autres n'ont rien donné, non seulement en raison des obstacles rencontrés, autrement plus importants que ne le pensait le roi, mais surtout parce que manquaient l'esprit de conquête, l'esprit d'aventure et par-dessus tout le goût du risque. Tout est finalement revenu à l'État.

Le défi de la différence

> *L'organisation de la latinité atlantique – de ce que vous appelez l'hellénisme atlantique – sera donc l'affaire du roi.*

C'est le roi, et donc l'État, qui assura l'organisation des fonctions dites économiques. Dans le système colonial, il y a une concentration des revenus dans les mains de quelques-uns très largement absents du pays, du moins dans un premier temps. Et il y a l'esclavage. Il n'y a pas de véritables classes sociales, il y a d'abord l'État. Quand le système commencera à se feutrer quelque peu, des classes s'organiseront selon les diversifications très « scolastiques » de la fonction publique. La fonction publique devient l'organisation, par l'État, de la mobilité sociale. Les charges publiques deviendront de véritables propriétés personnelles, ce qui est proprement incroyable ! Aujourd'hui encore au Brésil il est pratiquement impossible de toucher à la fonction publique, tant les emplois ressemblent à des investitures. Dans les affaires de corruption, par exemple, même pour les plus graves d'entre elles, pour arriver à chasser quelqu'un du service public, il faut parfois plus de vingt ans ! Nous sommes dans un univers patrimonial.

Émergence d'une conscience nationale

Il n'existe, en effet, rien d'équivalent dans le monde anglo-saxon. Mais que dire des autres latinités « non atlantiques » ?

Elles sont pareillement marquées par ce legs commun : l'importance de la charge publique. L'État est la force structurante, non seulement de la réalité politique et sociale mais aussi de l'inconscient collectif. L'Occident « dur », en revanche, l'occident anglo-saxon est dominé par les idées de justice et d'individu et non d'État et de lois. La colonisation des États-Unis est à cet égard exemplaire. Elle fut faite par des minorités religieuses imbues de la force de leur croyance qui, voulant la pratiquer librement, se réorganiseront de façon *ad hoc* dans les territoires nouvellement conquis. Avec l'idée très forte de commencer une autre vie. Il y a une souche essentiellement démocratique chez les *pilgrims*. La personne et la communauté sont ici des valeurs cardinales. Chez nous, au Brésil, la communauté est impensable. Avec l'anomie générale, elle s'est seulement reconstituée, mais en cachette, dans l'intimité du lien qui a pu se tisser entre l'esclave et son maître. Ce qui ne s'est jamais vu aux États-Unis.

Le défi de la différence

Comment les choses se sont-elles passées lorsque les vieilles structures coloniales ont éclaté ?

D'abord, un fait majeur : il n'y a pas de prolétariat. On ne peut pas penser le changement à partir d'une classe organiquement exploitée. L'esclavage, tel que le conçoit Hegel, est organique. Il y a une relation de complémentarité du maître et de l'esclave. Chez nous, au Brésil, rien de semblable. Il y a une relation mimétique d'intimité, rien de plus. Lorsque le système a éclaté, à quoi ressemblait le vieux régime ? Les propriétaires des immenses *latifundia* – (chacun des rythmes coloniaux, le sucre, le cacao, le coton et le café, à l'exception de l'or, se déroulera sous des régimes de *latifundia*) – constitueront la véritable aristocratie du régime. Tous les barons créés par Pierre II (Pedro II) viennent de cet univers-là. Dans la noblesse brésilienne, il y avait aussi des marquis et un seul duc, le duc de Caxias, un militaire anobli par l'empereur qui, après avoir pacifié le nord et le sud du pays, gagnera la guerre contre le Paraguay. Fort d'une paresse très portugaise, et alors qu'il gagnait, Caxias n'a pas voulu brusquer les choses, mais l'empereur ne l'entendait pas de cette oreille et souhaitait pour le duc une victoire totale. Il démissionna. L'empereur le récompensa en l'élevant au titre de duc. Mais, au

Émergence d'une conscience nationale

Brésil, la noblesse n'est pas héréditaire. Il y a de la malice dans ce choix, car chaque génération de barons dépendra de l'empereur. Il y a une sorte de négociabilité des symboles.

Nous sommes très loin du système féodal européen.

Quand ce système s'est effrité – et c'est Vargas au Brésil qui s'y employa, mais on peut observer un phénomène similaire dans toute l'Amérique latine –, la percée des exploités est passée par une médiation symbolique. C'est par des phases de médiations et de sacrifices que de nouvelles strates sociales ont surgi de l'anomie, et non par l'action de leaders populaires. Le couple Perón en Argentine, Vargas au Brésil et Allende au Chili ont eu cette fonction médiatrice et sacrificielle. Une conscience prématurée devient pédagogique et symbolique par l'action d'un médiateur. Le cas argentin est à cet égard très significatif : c'est avec le couple Perón que les choses ont commencé. Le contexte était plus favorable qu'ailleurs. L'Argentine, c'est d'abord Buenos Aires, avec dans la ville même des contrastes sociaux très marqués. Perón était un général populiste qui avait compris la situation, il a créé des syndicats, il a créé le parti justicialiste, avant d'être chassé du pouvoir par les militaires soutenus par l'oligarchie. Puis il a rencontré celle qui allait devenir sa femme, Evita, une danseuse de cabaret. Par la médiation symbolique de leur couple, Perón put toucher le peuple. Evita dispensait au peuple toutes les faveurs, tous les avantages. Elle a eu ce mot fameux qui deviendra un slogan : «*Perón cumple, Evita dignifica*» («Peron accomplit, Evita dignifie»). C'était un peu un couple étrusque[14]... Avec munificence, Evita jetait l'argent du haut du balcon de la Casa Rosada[15]. C'est l'économie de la *dispensiatio*. Très vite atteinte d'un cancer fulgurant, son supplice fut partagé par le peuple. À l'extrême fin, elle recevait dans son lit! Elle est morte devant son peuple.

Une théâtralité puissante et pathétique.

Mais cela a fait naître un populisme exacerbé resté dépendant d'un symbolisme fondateur, sans

---

14. Les femmes étrusques participaient aux activités des cités. En particulier, elles assistaient aux banquets auprès des hommes (coutume fort mal vue par les Grecs, leurs voisins directs en Italie du Sud).
15. Palais de la présidence de la République argentine, à Buenos Aires.

jamais se transformer en conscience de classe. Perón, après cela, a bien tenté de créer une deuxième Evita avec Isabelita. Mais, nous étions dans la caricature.

Il y a comme un jeu de prestidigitation symbolique.

Oui, par lequel le peuple a pu accéder à l'éminence sociale, mais indépendamment de tout jeu de classes et de tout leader populaire (en Argentine, au Brésil et au Chili, il n'y avait aucun leader syndical!). Il a fallu un intercesseur, comme le couple Perón. Au Brésil, les choses se sont passées plus tragiquement, comme nous l'avons vu. Il y a eu un sacrifice fondateur. Le suicide de Vargas et la fameuse lettre-testament. C'est d'une très grande théâtralité romaine.

Au fond, si je vous suis bien, l'Amérique latine n'est pas restée archaïque parce que féodale, elle ne l'a jamais été, elle est seulement restée « romaine ».

On reprend la romanité, parce qu'on a éludé le féodalisme. L'absence de féodalisme en Espagne et au Portugal est pour une large part liée à la *Reconquista*, à la reconquête contre les Arabes.

Le défi de la différence

> *D'ailleurs, l'Espagne et le Portugal ne connaîtront pas davantage quelque chose qui ressemble aux Lumières.*

Rien de semblable. Au Brésil, les forces de Vargas deviendront celles du progrès. Aucun groupe social n'osera se dénommer « conservateur ». C'est la politique qui n'ose pas dire son nom. Vous remarquerez que s'il existe des partis conservateurs dans certains pays du monde, en Angleterre, par exemple, il n'y en a pas dans les pays latins. La conscience sociale s'est formée, mais s'est aussi prostituée dans le populisme. La médiation symbolique fera défaut aux successeurs de Vargas qui auront recours au clientélisme. Ce qui générera une corruption délirante. Il faudra attendre encore une vingtaine d'années pour qu'une classe ouvrière organisée commence à voir le jour. On le doit à Lula da Silva et au Parti des travailleurs (PT). C'est un mouvement qui a une tout autre souche : la reconversion en profondeur d'un acteur social, l'Église du Brésil, au monde *versus populo* (« tourné vers le peuple »). On ne peut envisager un tel phénomène ni hors de la latinité ni hors de l'Amérique latine. Je ne vois qu'une seule conversion, au sens littéral, d'un acteur historique : celle de l'Église brésilienne

Émergence d'une conscience nationale

faisant sienne la cause des classes émergentes. C'est la théologie de la libération.

L'église catholique, avec la théologie de la libération, a joué un rôle majeur et original dans la vie politique brésilienne contemporaine. C'est sans doute un trait remarquable de la latinité brésilienne.

En faisant siennes les promesses de Vatican II, une église *versus populo*, elle est devenue celle des pauvres et des humiliés. La théologie de la libération est un phénomène unique en Amérique. L'église brésilienne a mesuré combien les exclus s'écartaient d'elle. Don Helder Cámara[16], l'ancien archevêque d'Olinda et Recife, a déclaré : « De quel droit, nous l'Église, parlons-nous aux

---

16. Archevêque brésilien (1909-1999), fondateur et animateur du mouvement « Action, Paix, Justice ». Il est l'une des figures emblématiques de la « théologie de la libération ». La théologie de la libération (il faudrait parler *des* théologies de la libération) est un mouvement à la fois politique et religieux (apparu dans un contexte marqué par des dictatures militaires et de graves crises sociales), issu de l'Église catholique, qui prospéra en Amérique latine, au début des années soixante-dix. Renouant avec la tradition chrétienne de solidarité, elle prônera la libération effective des peuples. Après le pontificat de Paul VI, Rome en condamnera les thèses (supposées relativistes et marxistes) et mettra au pas les églises « dissidentes ».

exclus ? Devant un exclu, on doit s'agenouiller et rester en silence. »

Des paroles qui pourraient être de Simone Weil. Elle proposait qu'on placarde à l'entrée des églises un avis interdisant l'entrée des riches dans les lieux de culte !

En même temps, inspirée par la transcendance et le salut, elle a compris qu'elle devait intégrer les revendications des exclus. L'église catholique brésilienne a été à la base du Parti des travailleurs.

Votre frère, lui-même archevêque, a joué un rôle important dans ce combat.

La théologie de la libération a été un mouvement d'ouverture radicale, un apprentissage de l'humilité dans la prise de la parole. Le Parti des travailleurs est né de cette conviction. L'Église y joue un rôle très important, 40 % des cadres du Parti viennent d'un catholicisme confessionnellement éveillé.

Émergence d'une conscience nationale

N'y a-t-il pas une Église plus officielle, plus proche de Rome ?

Le plus grand épiscopat du monde, après l'italien, est celui du Brésil. Plus elle est officielle et plus l'Église fait face au pouvoir. Pendant la dictature, avec son lot de tortures et de disparitions, c'est l'Église qui a tenu face aux militaires. C'était le dialogue entre le général et l'évêque. J'étais alors le secrétaire général de la commission pontificale Justice et Paix, et j'ai pu voir de quelle façon l'Église a exercé son autorité morale, en rendant publiques, par exemple, des informations sur la torture, en la dénonçant, et en aidant fortement au retour de l'État de droit. Plus elle s'investissait objectivement de cette responsabilité, plus elle devenait face au pouvoir, la voix reconnue de la société civile.

La théologie de la libération a été brisée par Jean-Paul II.

Le pontificat de Jean-Paul II a eu raison de ce phénomène prodigieux. À l'heureuse époque de Vatican II, l'Église et le prolétariat parlaient à l'unisson, il n'était plus nécessaire de faire intervenir des médiations. C'est pour des raisons très proches que je soutiens que le pouvoir de Lula n'est pas de nature charismatique.

Le pouvoir de Lula n'entrerait dans aucune des catégories proposées par Max Weber[17].

Aucune. Le charisme exige une sorte d'adhésion irrationnelle au remaniement du symbole. Ce qui n'est pas son cas. Lula ne cesse de s'expliquer, ce que ne ferait pas un chef charismatique. Il continue à s'exprimer publiquement comme un leader syndical.

Et il y a le Chili.

Avec le sacrifice de Salvador Allende, le 11 septembre 1973, à Santiago. Mais, son suicide est plus

---

17. Max Weber distingue trois types de domination; *rationnelle*, *traditionnelle* et *charismatique*. La domination *rationnelle* repose sur «la croyance en la légalité des règlements arrêtés et du droit de donner des directives qu'ont ceux qui sont appelés à exercer la domination par ces moyens». La domination *traditionnelle* repose sur «la croyance quotidienne en la sainteté des traditions valables de tout temps et en la légitimité de ceux qui sont appelés à exercer l'autorité par ces moyens». La domination *charismatique* repose sur «la soumission extraordinaire au caractère sacré, à la vertu héroïque ou à la valeur exemplaire d'une personne, ou encore (émanant) d'ordres révélés ou émis par celle-ci».

« réparatoire » que médiateur. Il a fait de son sacrifice l'épitaphe de la révolution impossible.

C'est un sacrifice qui ne féconde pas l'avenir. Il clôt plus qu'il n'ouvre.

Il laisse son témoignage. C'est un sacrifice très différent de celui de Vargas. On a donc trois morts, qui sont comme les moments d'une prise de conscience des masses populaires, par des médiations extérieures, mais dans des temps intérieurs différents. Perón, Vargas, Allende sont au fond les trois héros populaires de l'Amérique latine.

N'y a-t-il pas eu d'autres populismes ratés, ou avortés, dans le reste de l'Amérique latine ?

Il y a eu le populisme, devenu cocasse, de Rojas Pinilla en Colombie au milieu des années cinquante, mais il a vite tourné court. Il y a eu aussi la révolution mexicaine de 1910, avec cette sorte de court-circuit métaphysico-politique qu'est le Parti révolutionnaire institutionnel. Quel oxymore ! Il n'y a que l'Amérique latine pour produire de pareilles choses.

Cette contradiction dans les termes n'est peut-être qu'apparente. Comme vous le disiez, la relation maître/esclave, en Amérique latine, ménage des intimités singulières, des relations « dialectiquement » contre nature.

Les révolutionnaires mexicains étaient en partie liés au banditisme, et cherchaient surtout l'affrontement symbolique avec le vieux système oligarchique. La figure de Pancho Villa est à cet égard exemplaire. Le sous-commandant Marcos et ses hommes du Chiapas s'inscrivent aujourd'hui dans cette lignée. Certes, le système social a bien été cassé par la révolution de 1910, un parti révolutionnaire a fait son apparition, mais la situation était si peu articulée en termes de « classes », que ce parti est resté au pouvoir soixante-dix-huit ans, sans interruption, jusqu'en 2000, date de la victoire de Vicente Fox. Et je reste persuadé que le Parti révolutionnaire institutionnel reviendra au pouvoir. S'il y a bien une cassure sociale, il n'y a eu aucun leader charismatique, seulement un parti qui se réorganisera et deviendra une machine politique bien huilée. Rien de commun avec les situations que nous venons d'évoquer, en Argentine, au Brésil et au Chili.

Émergence d'une conscience nationale

Le pluralisme, particulièrement remarquable en Amérique latine, en tout cas dans des pays comme l'Argentine et le Brésil, n'est pas séparable des grandes vagues migratoires qui ont façonné son visage démographique.

L'Argentine a été marquée en profondeur par l'apport italien, beaucoup plus qu'espagnol. Au Brésil, il y a une combinaison très originale d'immigrants : d'abord les Portugais, puis, massivement, les Italiens. São Paulo est une ville largement italienne. Mais, fait remarquable, il n'y a pas eu de ghettos. Les seuls migrants installés au Brésil à avoir refusé l'intégration sont les Allemands. De leur pleine faute, d'ailleurs, ils ont refusé le contexte pluraliste. Appauvris, souvent misérables, ils vivent entre eux dans l'État du Rio Grande do Sul.

En revanche, les Syro-Libanais (appelés « *turcos* » au Brésil) se sont parfaitement intégrés, à tel point qu'il est très difficile de créer, dans une université brésilienne, un département d'identité libanaise ou syrienne.

Quant aux Japonais, venus au Brésil dans les années dix du siècle dernier, ils se sont fondus quasi complètement dans la population. Même si, au départ, ils se distinguaient des autres par la couleur, par la morphologie, ils ont presque complètement fusionné avec le reste de la population. Les immigrants japonais ont donné le nom de « Liberté » au quartier du centre de São Paulo où ils se sont d'abord installés. Ils sont venus, parce que la première République civile avait besoin de bras.

Les Italiens sont devenus commerçants et artisans (les tailleurs brésiliens sont presque tous d'origine italienne) et ont pris la place des Portugais (relégués à des tâches frustes). C'est le contraire de la rigidité sociale. La mobilité sociale est déjà là, sans le moindre ressentiment « national ». Il n'y a jamais eu au Brésil un parti italien ou japonais. Il n'y a jamais eu de parti des minorités ou de récupération d'une mémoire nationale. Les immigrants japonais ont alimenté les emplois de l'agriculture de subsistance. Il fallait pouvoir nourrir la ville de São Paulo, alors que les *fazendas* environnantes ne produisaient que du café. L'agriculture coloniale n'exigeait aucun savoir-faire particulier, il suffisait d'avoir des bras (et les Portugais prirent la place des Noirs). Les Japonais ont créé l'horticulture brésilienne. Ils ont excellé dans la culture des épices, du piment en particulier, dont ils sont devenus les premiers exportateurs mondiaux. Ils sont à l'origine de la petite propriété agraire qui a fait éclater les *latifundia*.

Émergence d'une conscience nationale

Et la population juive ?

D'abord, les Juifs ont toujours été là. Être portugais sans être un peu marrane est très compliqué. Il faudrait aussi distinguer les sépharades et les ashkénazes, qui coexistent sans se fondre. Curieusement, les Juifs ashkénazes ne se sont pas vraiment mêlés au reste de la population. Ils n'ont pas davantage financé le développement brésilien. Il n'y a, par exemple, aucune banque juive importante au Brésil, l'épargne a très peu à voir avec cette communauté.

Qui s'est chargé de l'épargne ?

Dans le vieux système, il n'y avait pas d'épargne. C'était à l'État de s'en charger ! Vargas a développé l'épargne, en prêtant de l'argent pour l'établissement même des capitaux. C'est ce qu'on appelle le capital de fondation. Le premier capital qui a permis l'investissement industriel était étatique. C'est le contraire de « l'entrepreneur », au sens classique du terme. Il n'y a donc pas eu de présence patrimoniale créditrice. Plus tard, la communauté juive se spécialisera dans certains secteurs industriels, comme le papier. Mais, au Brésil, il n'y a pas cette présence de grands capitaux juifs liés à des œuvres philanthropiques ou au financement d'organisations politiques, comme ce fut le cas dans les années trente aux États-Unis, avec le Parti démocrate. Il est significatif qu'aucune des communautés dont nous avons parlé n'ait créé une association de carnaval.

Le carnaval est d'ailleurs un phénomène très latin – et peut-être même catholique.

Il n'y a pas de carnaval sans fusion totale. Un carnaval à l'allemande ou à l'anglaise est inconcevable. La civilisation de la fête a éliminé toute revendication identitaire dans la foison des races et des « nations ».
Dans le jeu des consciences de classes, le carnaval a eu une très grande importance. Très lié à la religion, le carnaval – du latin tardif *carnelevare* – est, littéralement, l'« adieu à la chair » pendant trois jours. Avec le commencement du carême, c'est toute la société chrétienne médiévale qui s'accorde un renoncement à la chair. Durant le carnaval brésilien, même les Noirs jouissaient d'une certaine liberté. À Rio, tout le monde était masqué, et les petits employés en profitaient pour jeter des

Émergence d'une conscience nationale

ordures à la tête des riches. On appelait cela l'*entrudo*. Le mercredi des Cendres, en théorie, tout devait être rentré dans l'ordre. Mais le spectacle avait eu lieu.

Comment expliquez-vous que le carnaval soit resté au Brésil un événement majeur de la conscience (et de l'inconscient) collective?

Après la phase de l'*entrudo*, il y a eu celle du masque et du déguisement. Entre 1910 et 1950, la possibilité de se déguiser en femme délivra les homosexualités latentes, qui n'avaient pas de possibilité d'expression dans une société moralement très rigide, à la mesure du machisme portugais. Si le premier carnaval exprimait des compensations agressives, le second a joué de la parure et du travestissement. Le peuple dans la première phase ne se déguisait pas. Ce qu'il fera d'abondance dans la deuxième phase. On avait presque affaire à des «Incroyables». Il y avait tout un jeu d'identités renversées, car il s'agissait bien sûr dans un premier temps de ne pas être reconnu, avant de baisser le masque et d'affirmer son identité «réelle». Après Vargas, lorsque les classes pauvres ont gagné un statut social, a débuté la troisième phase historique du carnaval, avec la parade. C'est le moment où le peuple apparaît en majesté pour être vénéré. Tout le contraire du masque ! Ensuite se développeront les écoles de samba. Lorsque j'étais enfant, les domestiques occupaient leurs nuits à la préparation des trois jours de parade. Plus encore, elles épuisaient leurs gages pour s'acheter des robes de brocarts, richement brodées et ornées de toutes sortes de plumes. Nous sommes vraiment dans une économie de la *dispensatio*; il s'agit de dépenser.

C'est la dépense somptuaire, improductive, chère à Georges Bataille.

Le carnaval est devenu, au fil du siècle dernier, une parade monumentale, qui mobilise les pauvres pendant 362 jours. Ils sont rois pendant 3 jours. La ville sert de cadre à d'immenses défilés. On construisit le Sambódromo (1984), œuvre d'Oscar Niemeyer[18] : un ensemble gigantesque de gradins qui bordent en permanence une rue de Rio pour n'être utilisé que 3 jours par an ! On bâtit l'éphémère... Je ne crois pas qu'il y ait

---

18. Oscar Niemeyer, architecte et urbaniste, est né à Rio de Janeiro en 1907. On lui doit, entres autres, la place des Trois Pouvoirs à Brasilia et le siège du Parti communiste français à Paris.

ailleurs dans le monde quelque chose d'équivalent. Devant le tollé du «politiquement correct» (qui ne conçoit pas la fête sans pédagogie), il fut décidé d'installer, aux pieds des gradins, des écoles de samba. Elles sont devenues des activités communautaires très importantes pour l'éducation et la santé, mais tout est fait en vue de la parade. Chaque samedi, il y a des entraînements, une véritable liturgie de la préparation, une sorte de *praxis* du défoulement symbolique. Comme dans les tribus des îles Fidji, où la vénération du possible retour du bateau ou de l'avion constitue un moment fort de la vie collective (le célèbre *Cargo Cult*[19] analysé par Margaret Mead). C'est l'attente certaine du jour du spectacle. Cette parade prend une telle importance que les hiérarchies de la société réelle deviennent des miroirs. Les gens des classes sociales les plus privilégiées veulent prendre part à la parade à côté des pauvres. Le corps de la parade est constitué des pauvres; sur les ailes, les riches s'adonnent passionnément au spectacle.

---

19. Le culte du Cargo *(Cargo Cult)* est une croyance mélanésienne de type millénariste selon laquelle viendra un jour un bateau (ou un avion) chargé de tous les biens matériels manquants et de tous les biens imaginaires possibles (ceux du monde des Blancs).

Le défi de la différence

Mais comme ce n'est pas une fête exprimant des appartenances « nationales » ou ethniques, il faut choisir son école. Certains étrangers de passage, peu au fait des codes et des rites, aimeraient bien défiler plusieurs fois !

Ces trois stades du carnaval doivent être nettement différenciés. Mais il y a toujours la fête comme résolution du conflit et comme couronnement d'une médiation possible de l'entente sociale.

Comment articuler vos analyses à celles d'Ulrich Beck[20] sur la carnavalisation, le grotesque.

La carnavalisation, pour Ulrich Beck, dépasse la fête. Selon lui, le carnaval tourne au grotesque ; il est alors l'épitaphe de l'impossible protestation sociale. Or, selon moi, dans les écoles de samba d'aujourd'hui, on trouve tout, sauf le grotesque. Il y a certes de la *mimêsis*, la technologie la plus moderne fait son apparition – avec, par exemple,

---

20. Sociologue allemand, né en 1944, auteur d'une œuvre abondante consacrée, en particulier, au développement de l'individualisme moderne, à la mondialisation et aux conséquences des changements technologiques. *La Société du risque* (2001), *Pouvoir et contrepouvoir à l'ère de la mondialisation* (2003).

Émergence d'une conscience nationale

les fusées –, mais c'est justement le contraire du grotesque. Dans chaque école, les «commissions du devant» décident des parures. Une fois encore, c'est tout sauf grotesque.

Il y a aussi la classique Grammatica giocosa *de Bakhtine*[21].

Le *giocoso*, c'est la façon d'avancer préventivement la caricature ou l'excès. L'excès pour parer à la confrontation. C'est le jeu du carnaval au Brésil où l'on ne peut être démasqué. C'est l'excès de la parade, de la caricature, l'excès qui devient parure.

Il nous reste à parler de la troisième composante de la latinité, le syncrétisme.

Il y a une très grande fluidité du panthéon religieux. C'est une conséquence du pluralisme. La

---

21. Mikhaïl Bakhtine (1895-1975). Le thème du carnavalesque est principalement abordé dans *François Rabelais et la culture populaire au Moyen Âge et sous la Renaissance* (1965). Le carnaval médiéval, système de symboles et de formes (avec tout un jeu de permutation et d'inversion des valeurs, de travestissements, etc.), opposait un «second monde» au monde officiel bâti par l'Église et l'État féodal.

représentation du super *ego* collectif est très mêlée, voire mixée. Il n'y a pas de tabernacle, chez nous, il n'y a pas de saint des saints, parce que la fluidité du panthéon est la conséquence du pluralisme, et qu'en lui il n'y a pas de projection d'un ego collectif. Quelquefois, ce syncrétisme peut produire des identifications totales, comme dans le cas, par exemple, de la Vierge et de Lemanjá, la déesse des eaux dans le candomblé[22] Yoruba. Non par un jeu de substitution, mais de miroir.

Comment expliquer un syncrétisme aussi accompli.

C'est que l'identité est en suspension, elle n'est pas achevée, on l'incorpore, en quelque sorte. Toutes ses interactions sont maintenues en suspension. Mais sans la fusion. Pour l'inconscient collectif, il s'agit de ne rien perdre, de maintenir la diversité dans une représentation intérieure. Cela marche, parce qu'il n'y a pas de dispositif symbolique dominant. C'est l'arche de Noé... Tous les animaux sont là !

---

22. Le *candomblé*, nom générique des religions afro-brésiliennes, est une variété de la *macumba*, culte proche du vaudou, pratiqué dans certaines régions du Brésil.

Émergence d'une conscience nationale

En attendant les croisements ultérieurs et la « sélection naturelle ».

Comme il y a une essentielle fluidité du panthéon, il n'y a pas de synthèse, mais l'intégration de toutes les pratiques. Les nouvelles religions au Brésil, comme celle des pentecôtistes, privilégient l'irrationnel et l'émotion. C'est un peu un mysticisme de pacotille… Il s'agit d'être en transe et de le montrer. À la différence des catholiques, qui ne cherchent surtout pas à montrer qu'ils sont en transe ! C'est la Fraternité éclectique spiritualiste universelle qui gagne aujourd'hui le plus grand nombre de fidèles. Il y a aussi l'Église universelle du règne de Dieu. Dans les deux cas, il y a une invitation à l'indétermination fondamentale, tout y passe ! Ces religions qui prétendent à l'universalité utilisent très habilement les médias et se font fort d'organiser à la demande des exorcismes. Le diable est sur la scène médiatique à heure fixe ! Le miracle cesse d'être merveille pour devenir spectacle.

5.
Culture et civilisation

Revenons à vos analyses concernant l'absence d'émergence nationale dans l'univers sud-américain. Le destin tragique de Vargas a-t-il fait l'objet au Brésil d'un roman « épique » ?

Aucun écrivain brésilien n'a fait sur Vargas ce que Roa Bastos a fait avec le Docteur Francia, l'empereur civil du Paraguay. Dans *Yo, El supremo*, le mythe du dictateur dépasse son propre pays. Le Paraguay est comme absorbé par un énorme parasite historique. Vargas aurait pu être un mythe fondateur, il est encore à faire. Il faudrait déjà qu'il y ait une sorte d'époussetage de l'imaginaire collectif.

Le défi de la différence

Nous laisserons pour l'instant en suspens une question pourtant essentielle (cf. chap. 6) : quel avenir possible pour tous les groupes de marginaux dans les pays d'Amérique latine ?

Que vont-ils devenir ? Car ils ne mourront pas de faim. Que va-t-il se passer en Argentine ? La situation du Mexique est assez différente : s'étant presque totalement assimilé dans la globalisation, le peuple mexicain risque très rapidement de perdre son identité, ou d'en faire un simulacre.

Vous jouez souvent de la distinction entre « culture » et « civilisation ». Quel sens donnez-vous à ces deux mots ?

Disons l'essentiel : le processus culturel est la décantation continuelle d'une identité qui veut passer d'une perception à l'articulation de sa différence, à son déploiement sous forme de discours. La civilisation, c'est le processus par lequel tout ce que l'homme touche devient objet.
Le monde se perçoit par la culture, il se transforme par la civilisation. La culture, c'est l'empreinte de la subjectivité. La civilisation, c'est la domestication, l'instrumentalisation de la nature.

On parlera, dans cet esprit, d'un processus «civilisatoire». Dans un sens plus heideggérien, c'est aussi l'idée que la nature est comme refaite, conformément à l'exigence de la main.

C'est le Gestell, *dont parle Heidegger, l'«arraisonnement». La technique moderne qui «réquisitionne» la nature, la rendant disponible pour être consommée.*

C'est le mythe prométhéen qui fait du monde un processus continuel de réification et donc de domination. Ce processus, propre à l'humain, a une seule ligne temporelle, celle du grand dynamisme historique. L'Occident a été le contexte du processus «civilisatoire». Le processus de réification – doublé par la révolution médiatique, qui en est l'atout maître –, a eu d'emblée un double effet : les cultures ont été expropriées de leurs différences par les technologies prométhéennes de conquête. Puis est venue la révolution médiatique qui est une expropriation du subjectif. Jean Baudrillard a bien analysé les ressorts de cette révolution. Nous sommes condamnés au simulacre et à la simulation.

Le défi de la différence

On peut penser à Borges, dans Tlön Uqbar Orbis Tertius[1] : *les marches de l'escalier d'une église disparaissent parce qu'un mendiant avait cessé de s'y asseoir.*

Nous retrouvons les soucis de l'Académie de la latinité (cf. chap. 7). Nous vivons dans un temps-axe, nous ne sommes pas encore complètement conscients de la violence et de la rapidité des deux processus. Jusqu'à la révolution médiatique, l'expropriation de la subjectivité n'était pas si claire. On parlait seulement des bienfaits et des méfaits de la technologie à outrance. Historiquement, rien ne permettait d'imaginer que les deux processus iraient de pair, c'est pourtant le cas, et la grande perdante, c'est la culture.

J'aimerais revenir à cette idée essentielle de rythmes temporels. Comment différenciez-vous le temps colonial, le temps national et le temps mondial ?

Le temps colonial est cyclique, on vit dans une structure sociale totale, dans laquelle il n'y a pas d'événement, seulement de la consommation de

---

[1]. Jorge Luis BORGES, *Tlön Uqbar Orbis Tertius*, in *Fictions*, Paris, Gallimard, 1957.

temps. Tous les événements s'inscrivent dans une structure circulaire de causalité.

Le grand temps historique, c'est celui des projets qui visent à briser l'inertie des conditionnements historiques, des conditionnements naturels (du déterminisme naturel). C'est le temps de la constitution des nations.

Dans le mot nation (du latin nasci, *naître), il y a l'idée forte de «naissance». On a affaire ici à un temps germinal.*

C'est le temps social des hommes. La globalisation n'est plus un temps humain, mais un temps exproprié par la logique «civilisatoire». Le marché, c'est le contraire de la nation. Ses projections sont d'optimalisation, de conquêtes, et donc de gains. Avec cette temporalité, il n'y aura que de faux éveils de conscience. On rejoint Borges : dans des mondes qui ont perdu le contexte national, on est condamné à des exercices d'apprentissages permanents de la mémoire. Du point de vue du concept même d'histoire, il y a une préhistoire (une «histoire naturelle» dans la colonie), puis il y a l'«histoire-histoire» dans la nation, et enfin une histoire réifiée dans la globalisation.

Le défi de la différence

La mondialisation, c'est la dissolution de l'espace « parcourable », fait d'écarts et de différences. On n'est plus dans un temps articulé sur un espace.

En effet, tout se réifie. Lukács l'a bien montré, il n'y a plus le relationnel qui crée le social comme tel.

Georg Lukács dans les années vingt examinait les conséquences politiques de la réification dans les sociétés capitalistes. L'analyse vaut-elle encore aujourd'hui ?

Dans la globalisation, l'État devient lui-même réifié. Il n'y a plus de stratégie qui ne soit définie par une implication. Le monde globalisant est un monde d'implication téléologique. Le monde de la nation est un monde de la liberté de l'homme.

Un monde du possible... Avec la globalisation, on a une sorte de téléologie intégrée.

Dans le temps de l'histoire, on peut toujours essayer de se dépasser, d'aller de l'avant, de construire l'avenir, alors que, dans le temps de la globalisation, tout est déjà impliqué ou subsumé. Aucun dépassement n'est possible, sinon par une logique sociale qui d'elle-même, en quelque sorte, se ré-automatise.

6.
« *Limen* » et « *Limes* »

L'idée de latinité gagnerait à être confrontée à une notion forgée par Arnold Toynbee, celle de «limen», *que nous avons évoquée plus haut.*

La latinité prospective, telle que je la conçois, s'articule sur un fait fondamental : nous sommes hellénistiques avant d'être hellènes ! Sans fuite possible, nous sommes condamnés à ne pas être barbares, à devoir improviser une identité. Je ne pense pas qu'on arrivera à trouver les conditions d'une identité. Nous serons le réservoir de quelque chose, il faudra donc créer un nouveau *limen*, après l'échec de la globalisation actuelle, si elle échoue ! Sinon, il n'y aura que les séquences d'un clonage infini.

Le défi de la différence

Il y a donc une disparition du limen *et du barbare.*

Le *limen* est une notion classique, adaptée par Toynbee dans sa philosophie de l'histoire. Le *limen* est cette région diffuse où le barbare regarde l'empire qui est de l'autre côté, une région où il y a assez de permissivité pour qu'il y ait adaptation du style impérial et que la liberté du barbare puisse devenir créativité. Le *limes* est le contraire, c'est la coupure quasiment géométrique, la ligne. Dans le *limen*, tout peut se côtoyer, se développer, et il y a même un temps de ralentissement durant lequel l'organisation de la culture des élites donne une espèce de chance d'adaptation aux barbares. Toynbee disait que les empires se détruisent quand des prolétariats internes (les démunis, les déchus) rencontrent des prolétariats externes (les barbares).

Pour Toynbee, les civilisations naissent de l'action de « minorités créatrices » et passent toutes par des étapes de croissance, de rupture (breakdown) *puis de désintégration.*

Les Barbares donnent au prolétariat interne une occasion de trouver encore une différence et de se reconnaître par cette différence. Les premiers

Francs, Vandales ou Goths ont eu l'appui des masses intérieures de l'Empire romain. C'est par le *limes* que l'Empire s'est perdu. Le drame, aujourd'hui, dans la civilisation du virtuel et de la globalisation, c'est qu'on n'a plus de prolétariats externe et interne, on n'a plus les conditions qui font qu'en s'adaptant, on garde un niveau de conscience qui permettrait à des forces de se déployer entre une culture hégémonique et une culture médiatique.

Le barbare, en décalage, cerne le temps métropolitain et crée, de lui-même, des priorités, parfois même, de possibles nouvelles survivances en spirale. Le barbare, en tant qu'il peuple un *limen*, n'est jamais totalement englouti par l'hégémonie. Le *limen* crée de lui-même la différence. Le *limes* la détruit.

Cette « hellénistique », dont vous parlez, doit-elle quelque chose à la Grèce ?

C'est dans un autre esprit que j'emploie le terme d'hellénistique. Notre hellénistique a beaucoup à voir avec la grande latinité européenne : la latinité méditerranéenne, espagnole, italienne, française.

Et portugaise ?

Il y a un seul siècle de floraison portugaise. On peut voir près de Lisbonne, à Alcobaça, une église gothique flamboyante, très portugaise, dont les cuisines sont faites pour des ogres ! C'est à cette même époque que ce peuple inventait l'Atlantique, et commençait le grand cycle des navigations. Les années 1540-1550 sont, en ce sens, l'âge d'or portugais.

Quelle est la part de l'apport français ?

Les Français ont créé l'État-nation. À cet égard, rien n'est plus international que la France... La France, c'est «La» nation. Récemment, j'ai remis à Vienne un prix à un chercheur de Sciences-po, qui défendait l'idée que l'Occident, c'est d'abord les villes d'Europe. Je lui ai fait remarquer qu'il n'y avait rien de plus réussi que la nation française. De Clovis à Jemmapes. Michelet avait raison.

« Limen » et « Limes »

Napoléon déclarait tout assumer, « de Clovis au Comité de salut public ».

Nous, les Brésiliens, nous travaillons avec une nation avortée. Nous sommes des peuples de l'*épos* sans être encore des peuples de nation. On va résister, ou être engloutis, dans le nouveau cadre de la globalisation, qui a déjà ses drames. Quand la frontière est une ligne, il n'y a pas de *limen*, mais la cassure et la nudité historique. Il existe aujourd'hui ce que Carlos Fuentes a appelé la « frontière de verre ». Les Mexicains veulent briser la ligne – on oublie trop qu'il existe un « mur de Berlin » entre les États-Unis et le Mexique. Le Mexicain qui traverse cette frontière est nu, dépourvu de tout, il est un voyageur sans bagage, mais il s'intégrera complètement, avec sa langue, sa cuisine et sa musique dans le milieu qui l'engloutit… La « frontière de verre », c'est exactement l'anti-*limen*.

Dans cinquante ans, les Français seront entre 60 et 70 millions. L'Amérique latine aura alors 800 millions d'habitants ! Le décalage est considérable. Que feront ces peuples ? Ils ont raté l'État-nation, ils sont engloutis par la globalisation. Quelle peut être encore leur identité ? Dans tous ces pays, avec le développement raté, il y aura une incroyable concentration du revenu national.

Aujourd'hui, au Brésil, 9 % de la population possèdent 50 % du revenu national. Et cela ne fait que s'accentuer. Quand on pense que l'on peut acheter au Brésil un appareil fabriqué par les Suisses, exhibé dans les salons, qui permet de déshumidifier l'argent ! C'est une belle métaphore de la situation brésilienne. Quelle est l'identité brésilienne de cette minorité fortunée ? En voyage à Séoul, j'ai appris que des Brésiliennes avaient fait pression sur les autorités pour que les vendeurs de faux Vuitton et autres fausses Rolex risquent non plus une semaine, mais des années de prison, parce que le grand crime est de se permettre de falsifier des biens de haute consommation qui sont à la portée de leur pouvoir d'achat. Le contrebandier est puni parce qu'il n'a pas vendu ce qu'il fallait avoir : de *vrais* Vuitton, de *vraies* Rolex, etc. Il y a une cassure entre la grande masse et le pouvoir de consommation d'une minorité très extérieure à la dynamique du pays.

Dans toute l'Amérique latine, la marginalité s'accroît.

Au Brésil, sur les 182 millions d'habitants, 30 ne savent pas le matin comment ils feront pour se nourrir dans la journée, 30 autres ont des revenus inférieurs au salaire minimum et des emplois informels. On peut dire que 40 % des Brésiliens sont dans la marginalité... À Vienne[1], il y a eu une discussion avec des Suédois sur la définition des pauvres. Il n'est pas possible de mettre tous les exclus dans la catégorie indéterminée et générale des «pauvres». Le grand problème de nos pays, en particulier du Brésil, c'est que ces groupes marginaux deviennent anomiques. Ils sont en dehors du marché. Certes, leur pression est grande, mais comme le Brésil n'a pas d'hiver, trouver une vague pitance n'est pas si compliqué que cela. Et puis donner à manger aux exclus, c'est s'assurer un peu de stabilité. La situation peut durer indéfiniment.

Ces groupes vont-ils devenir les habitants d'un nouveau *limen*? Devenir des barbares? Quelle sera leur identité? C'est à cela que je travaille, d'où ma réflexion sur la latinité. C'est le problème d'une culture *interjective*, ces groupes étant comme des tribus unies par leur capacité de survivre.

---

1. Dans le cadre de la réunion annuelle du Conseil des Sciences sociales (Unesco), au début des années quatre-vingt-dix.

Une culture de la survie, mais au sens très élargi du terme.

On ne dépasse pas la reconnaissance réciproque, fantasmatique. Les premières études montrent que ces groupes adoptent une identité qui est comme un totem de rejet, en configuration possible avec le butin du jour. Dans leurs disputes codées, ils ne se reconnaissent que par l'inflexion interjective : le cri dit tout, il est tout.

On commence à rencontrer un sentiment analogue dans les banlieues des grandes villes françaises. Des groupes se sentent rejetés, mais s'installent aussi dans le rejet, le revendiquent même, en font une quasi-culture, quitte à provoquer des explosions sporadiques.

C'est du même ordre, mais avec une ampleur beaucoup plus grande au Brésil. La victoire de Lula, pour cette raison même, est très importante. Au Pérou, en Colombie les exclus ont assumé le rejet, ils se sont organisés en groupes radicaux… C'est l'auto-organisation de la marginalité qui est arrivée à provoquer des évènements vecteurs de violence. Ainsi fonctionnent les FARCS de Colombie ou le *Sendero luminoso* (Sentier lumineux) au Pérou, avec, en outre, le marché parallèle que représente la drogue. Mais, que vont devenir ces groupes ?

Ils ne sont pas porteurs d'un contrat social, plutôt d'un défi social difficilement soluble dans la nation.

Dans le cas du Brésil, et c'est très intéressant, certains de ces groupes ont opté pour la conquête politique du pouvoir. Ils ont créé le Parti des travailleurs (PT). Une telle structure n'existe qu'au Brésil. Les syndicats – qui ont enrôlé les « sans terre », les « sans toit », les analphabètes – ont joué sur la conquête démocratique du pouvoir.

Il y a là un paradoxe étonnant. Les représentants des marginaux sont aujourd'hui installés au pouvoir tout en demeurant objectivement exclus.

Exactement. Il y a une sorte de pirouette sociologique. C'est ce qui m'a passionné et amené à soutenir Lula.

Le défi de la différence

Lula et le PT sont désormais au pouvoir. Mais, la lune de miel entre les classes moyennes et son président semble terminée.

Lula ne s'est pas mépris sur l'ampleur de la tâche ni sur les stratégies exigées pour vaincre l'inertie. Il a demandé à être jugé sur pièces à la fin de son mandat. Il refuse tous les avantages temporaires qu'il pourrait tirer de ses succès immédiats : avec le programme «Faim Zéro», ou face à l'Alca[2], ou par la reconnaissance de son nouveau *leadership* international, ou encore par le déblocage de réformes considérées jusqu'alors comme impossibles – et cela quel que soit le niveau des concessions consenties –, en matière fiscale et de sécurité sociale.

Lula sait que, face au régime antérieur, la différence commence par la similitude. Il s'est adressé à l'électorat le plus proche, et donc le plus exigeant, celui des MST (Mouvements des sans terre), leur

---

2. Sigle espagnol et portugais (littéralement « Aire de libre commerce des Amériques ») correspondant au sigle officiel français ZLEA (« Zone de libre-échange des Amériques »). L'Alca devait être (selon ses initiateurs nord-américains) une extension à tout le continent de l'ALENA (Association de libre-échange nord-américain) qui, depuis 1994, règle les échanges entre les États-Unis, le Canada et le Mexique.

demandant de suspendre leur verdict jusqu'à ce qu'ils puissent être certains de son orientation et de son message.

Si la lune de miel est en effet terminée, cela ne nourrit pas pour autant la méfiance de la masse énorme de l'« autre » Brésil. L'empressement d'obtenir des résultats est la rhétorique préventive des élites au pouvoir. Aujourd'hui, le fait nouveau est l'émergence, dans l'inconscient collectif, d'une foi solide en une autre option. L'opposition a dénoncé les supposées contradictions de l'avancée du PT et parlé d'une régression générale d'un gouvernement qui aurait abandonné toute utopie. Le grand défi de Lula, au contraire, consiste à s'arracher, une fois pour toutes, aux préjugés et à l'idéalisme congénital des élites, qui se croient vouées, *ad vitam* et sans interruption, à la tâche de gouverner.

Ce qui est en jeu, pour un gouvernement qui désire la transformation sociale, c'est une « pratique pratique », si l'on peut dire, qui ne se mesure pas à un volontarisme abstrait de changement. Il s'agit d'avancer à la lisière des attentes populaires, par la mise en œuvre d'une politique qui renvoie les puristes de la radicalité aux paradoxes effectivement assumés par la présidence Lula. Cela signifie que la viabilité du changement soit conquise de l'intérieur du *statu quo*, et non en s'y confrontant.

Le défi de la différence

Toute erreur se paye par de gigantesques régressions. Pour les éviter, l'essentiel est de se laisser guider par l'attente populaire, par la poussée de l'inconscient collectif et d'échapper à l'engouffrement. C'est la patience populaire – une donnée fondamentale, littéralement intransférable – qui a permis au programme «Faim Zéro» de résister au désordre populiste, de marquer les points qui permettront sa progression exponentielle. Ce bilan, à l'échelle internationale, ouvre un chemin à l'écart du fait accompli des marchés hégémoniques, dans un univers désormais sans périphéries ni «troisième monde», dépassant les conditionnements globaux nouveaux, multiples et souvent invisibles.

La crédibilité essentielle du nouveau régime, aux yeux des classes les plus démunies, provient d'espoirs qui, pour la première fois, ont fait leur entrée sur la scène du possible. L'«autre pays» est là, justement parce que Lula maintient le contrôle de l'insatisfaction populaire. Il ne se défait pas de cette fonction d'arbitre, et c'est à travers elle qu'agit ce gouvernement *différent*, à l'opposé de la prétendue «régression générale» que les élites ont si facilement à la bouche, voulant toujours parler au nom des exclus ou des victimes de l'abus social. C'est la raison pour laquelle tous les sondages montrent que le soutien est d'abord apporté à la personne du Président, avant de l'être au gouvernement dans son ensemble. Son succès ne découle pas d'une surveillance linéaire et constante de ses pertes et de ses gains, mais se dégage de la fidélité à une option qui saura transformer l'attente en un succès final. D'un tel échange – nous l'avons déjà observé à la fin de la période Vargas – naît le peuple en tant que peuple, bien plus que l'élite en tant qu'élite.

Les récentes affaires de corruption au plus haut niveau de l'État n'ont-elles pas ébranlé la confiance du peuple et surtout mis à mal le Parti des travailleurs?

L'effondrement du parti pourrait provoquer, à terme, le retour des «sous-médiations» sociales et donc créer une véritable impasse. Voire, dans les termes de Kojève, un «paradoxe existentiel». Mais il n'y a pas pour le PT de possibles réaménagements organisationnels, de possible retour vers les structures politiques anciennes. Plusieurs scénarios «catastrophistes» sont possibles pour l'après-crise : cela va du dégoût qu'afficherait le peuple pour toute espèce de politique jusqu'à l'éveil de nouvelles affirmations identitaires, en passant par la multiplication de formes dissidentes du parti, selon des critères de «pureté» idéologique. Une telle faillite profiterait à l'évangélisme de masse et à leurs pasteurs très médiatiques, qui connaissent actuellement au Brésil un succès considérable.

Mais rien n'est joué. L'hypothèse est aujourd'hui celle d'un Lula placé au-devant de la scène, détenant le monopole de la force symbolique, mais *sans* le PT. Chaque nouveau pas en avant dépendra désormais, hors de tout prophétisme, de sa capacité à être en phase avec le rassemblement populaire *immédiat*.

7.
La latinité et le dialogue des cultures

Il y a une dizaine d'années, avec quelques amis, vous avez fondé l'Académie de la latinité[1]. Quelle mission lui assignez-vous ?

L'Académie de la latinité s'inscrit dans une stratégie de refondation de la mémoire collective. C'est le cas du Brésil. Les temps de la modernisation pré-

---

1. L'Académie de la latinité a été créée à Rio de Janeiro en mars 2000. En sont membres fondateurs : Claude Allègre, Jean Aubouin, Maurizio Bettini, Luigi Berlinguer, Hector Bianciotti, Jérôme Bindé, Lise Bisonette, Jean-Michel Blanquer, Agustín Buzura, Hélène Carrère d'Encausse, Pietro Citati, Maurice Druon, Carlos Fuentes, Marc Fumaroli, Celso Furtado, Gabriel García Màrquez, Nestor García Canclini, François Gros, Dan Haulica, Enrique Iglesias, Helio Jaguaribe, Euzébio Leal, Eduardo Lourenço, Federico Mayor, Candido Mendes, Walter Mignolo, Edgar Morin, Nélida Piñon, Eduardo Portella, Augusto Roa Bastos, José Saramago, Mario Soares, Beatriz Sarlo, Antonio Tabucchi, Alain Touraine, Gianni Vattimo.

hégémonique conduisaient à une décadence en «été indien» (l'*«indian summer»* de Toynbee). Nous postulons qu'il y a une survie de la culture antérieure qui passerait en filigrane vers les temps nouveaux. La transparence apparente faciliterait la contrebande historique, ce camouflage permettant de sauver une mémoire identitaire pour l'après globalisation.

Nous avons voulu l'Académie de la latinité comme étant, à tout le moins, le côté encore opérationnel de la globalisation. Par où l'on pourrait entériner les contacts avec les cultures en voie de disparition, et assurer, faute de saga, leur *lore*.

Il y a une sorte de jeu subtil entre le passé et l'avenir, tous deux devenus problématiques. Léon Bloy disait que les prophètes se souviennent de l'avenir.

Notre hellénistique est exactement cela : «Regarder l'avenir avec nostalgie.» Dans cette perspective, nous sommes confrontés à trois problèmes :
1 – La latinité pourra-t-elle recourir à une compréhension – ou à une anamnèse –, au seuil de l'engloutissement? Comment dire le nom des choses? Comment créer une «intentionnalité», une visée collective qui offrirait un sens commun à la vie de l'esprit?

2 – Comment cette tension sera-t-elle envahie par le virtuel ? L'exclu sera-t-il absorbé par le virtuel sans connaître le réel ? Jusqu'où ira-t-on ? Ce monde peut parfaitement entrer dans l'identité virtuelle et, un jour, avoir le choc d'autre chose. Ce sont peut-être les barbares d'après-demain... Le choc de la fatigue de l'univers digital, par exemple ! Que se passera-t-il, à ce moment-là ?
3 – Jusqu'à quel point les exclus, dépourvus de mémoire, perdront-ils toute articulation historique ? On le constate dans les tribus d'exclus au Brésil. La notion du temps ne compte plus. En perdre n'a aucun sens ! Qu'est-ce qu'un oncle, par exemple ? On assiste à la dissolution du dernier système nerveux de l'histoire, qu'est la génération.

Il y a donc un travail de mémoire à faire.

C'est ce que nous mettons en œuvre dans le cadre de l'Académie de la latinité : d'abord, avec l'idée d'une hellénistique, puis avec celle d'une mémoire qui ne soit pas encore prophétique, et enfin, en nous demandant dans quelle mesure il est encore possible de maintenir l'autre à nos frontières. Telle est la portée du dialogue des cultures.

Le défi de la différence

On affirmera qu'un tel programme existe déjà, avec le «Dialogue des civilisations» de l'Unesco, qui doit tant au président de son Conseil exécutif, Jamal Alali. Mais, en toute rigueur, et fort des acquis de la critique postmoderne et des analyses d'Alfred Weber, peut-on parler de plusieurs civilisations? N'y a-t-il pas, plutôt, des cultures exposées à l'hégémonie d'un seul processus civilisatoire, initié par l'Occident, et de plus en plus réifié par son propre cours? C'est une différence de taille. Jusqu'où, dans cette situation d'hellénistique occidentale, pourra-t-on être les «propitiateurs» de ce qui reste du dialogue englouti?

C'est précisément ce qui m'intéresse avec l'héritage islamique : pourquoi ce monde est-il encore «sujet d'un dialogue»? Avec la *charia*[2], il semble avoir retrouvé la fonction organique de l'acteur du sens. Je me demande si sans elle, et même sans Khomeiny, le monde islamique aurait pu reprendre la position qu'il a aujourd'hui. Avec la *charia* en acte, on a affaire à un universel concret. Les droits de l'homme pour l'Islam et ceux que nous défendons ne sont pas les mêmes. Nos cultures politiques occidentales font de la démocratie un absolu. En

---

2. La *charia* est la loi canonique de la religion islamique, qui regroupe l'ensemble des commandements d'Allah relatifs aux actions humaines.

revanche, de l'autre côté, des théocraties perdurent. C'est ici que je vois une médiation possible de la latinité telle que nous la concevons, surtout parce qu'elle partage avec l'Islam, la Méditerranée. C'est un retour à une situation où il y a des acteurs qui se regardent encore les yeux dans les yeux. Comment se ressaisira l'héritage islamique iranien ? Quelle médiation est possible entre le monde de la *charia* riche et les autres ? Comment peut-on débattre des universels concrets ? Mon idée, c'est que la latinité est l'un de ces universels. La pratique du vis-à-vis, en soi-même, me semble féconde.

La possibilité de prendre langue avec l'autre ne va pas de soi. Comment la latinité, qui est d'abord enracinée dans des cultures particulières, peut-elle être un universel concret, non pas exclusif, mais inclusif ? Car ce que vous proposez n'a évidemment rien à voir avec le vieux rêve de Napoléon III d'opposer un monde latin et catholique à une Amérique anglo-saxonne et protestante. Nous ne sommes plus dans les rêves impériaux.

La latinité n'est pas un musée des valeurs désuètes. Et l'Académie de la latinité n'est pas une entreprise récupératrice. Il s'agit de la survie de l'identité. C'est la situation dans laquelle se trouvent un certain nombre de pays, comme le Brésil – je ne dirai pas de nations –, qui sont en train de perdre leur dernière cheville de mémoire et de reconnaissance. Aucun des pays d'Amérique latine n'est capable de penser un en-soi. Ici, les médiations se sont déjà retournées sur elles-mêmes.

Pour vous, l'identité ne s'accompagne pas nécessairement du repli, un repli identitaire, mais peut être au contraire un gage d'ouverture. La véritable identité est ouverture sur soi, sur ses racines et sur l'avenir.

Une ouverture qui maintient un axe intérieur de subjectivité. L'identité est à ce prix. On revient à la sémiologie ou à la sémantique dans les stratégies de discours. Le référent est en train de s'épuiser, la différence tend à ne plus pouvoir être reconnue.

Il ne s'agit pas de fédérer des identités.

Non. Nous sommes des hellénistiques en passe de franchir une nouvelle étape dans la dialectique des différences. Et cela se passera dans toute la latinité atlantique, y compris dans certains pays africains. Je pense, en particulier, au Sénégal, qui pourrait être une sorte de tête de pont de la latinité sur le continent africain. La latinité a une *Gestalt* – une «prégnance» – dans les pays anciennement coloniaux, que les Anglo-Américains n'ont pas. Et puis, le Sénégal a eu Senghor.

Senghor qui disait, dans ses entretiens « imaginaires » avec Malraux (repris dans Le Miroir des limbes[3]*), que le Sénégal est une nouvelle Athènes, une nouvelle Rome, l'héritier du génie antique!*

Senghor, fondateur du Sénégal indépendant, avait l'intuition puissante que le latin était un héritage précieux, quoique apporté par la colonisation. En grand poète qu'il était, il pouvait voir dans son pays le survivant d'une Atlantide et l'héritier d'une *paideia* latine. C'est en ce sens, probablement, que Senghor envisageait cette dimension intérieure latine et méditerranéenne du Sénégal.

---

3. *Œuvres complètes*, III, *La Corde et les souris*, Paris, Gallimard, « Bibliothèque de la Pléiade », p. 530 sq.

Le défi de la différence

Autant la mondialisation passe par l'abolition de l'espace et du temps (le temps réel des computers*), autant la latinité se nourrit d'un espace symbolique fort, qui est l'espace maritime, un espace de flux et de reflux, qui porte un mouvement d'échanges.*

Si elle veut ensemencer, la latinité doit relever un autre défi : elle est des deux côtés de l'Atlantique. Il y a l'africanisation poussée du Brésil, une sorte de terre d'élection, qui fait qu'on ne peut pas penser l'élément africain aux États-Unis comme chez nous. Ce sont les deux pays qui peuvent parler d'une certaine africanisation, mais la nôtre est beaucoup plus riche. La latinité est un espace, avec le grand Atlantique, qui a la capacité d'être, si l'on peut dire, « configurante ».

Il y a une expropriation de la culture par la civilisation, et, parallèlement, s'est développé un processus qui rend possible la reprise de l'idée de différence, ne fût-ce que d'une manière heuristique. C'est ce à quoi nous sommes condamnés aujourd'hui. Et ceci nous place dans une situation privilégiée pour dialoguer avec le seul monde qui n'a pas encore été exproprié de sa culture : le monde islamique, dans certaines régions du globe. D'où le privilège accordé à l'héritage islamique dans le cadre de l'Académie de la latinité.

La latinité et le dialogue des cultures

Associer l'idée de latinité au dialogue n'est pas lui faire violence, puisque par essence la latinité est décentrement. Il y a quelque chose de centrifuge dans la latinité.

J'irai même plus loin. Comment peut-on lutter à armes égales avec l'autre grande culture occidentale, celle du monde anglo-saxon, qui est devenue avec la révolution médiatique la culture possible de la globalisation? Quelle différence peut être maintenue? La culture latine est essentiellement basée sur l'État et sur le droit. Rémi Brague a dit des choses importantes sur cette question dans son livre *Europe, la voie romaine*[4]. En revanche, le monde anglo-saxon est fondé sur la justice. Le monde latin est essentiellement pluraliste, le monde anglo-saxon, s'il reconnaît les minorités, les distingue nettement : un *WASP (White Anglo-Saxon Protestant)* se considère comme étant plus Américain qu'un autre. Les minorités sont classables, reconnaissables et admises, mais il y a un statut préalable de distinction. Alors que nous autres sommes essentiellement pluriels. D'où ce décentrement dont vous parlez. Et, enfin, le

---

4. Rémi BRAGUE, *Europe, la voie romaine*, Paris, Gallimard, Folio essais, 1999.

monde anglo-saxon est essentiellement individualiste, alors que nous sommes sociaux, dans le sens le plus complet du mot.

Edgar Morin, lorsqu'il évoque la latinité, aime mettre en avant l'édit de Caracalla (ou Constitution antonine) qui étendit, au début du IIIe siècle de notre ère, la citoyenneté romaine à tous les hommes libres de l'Empire. C'est une marque culturelle très forte. On a une «latinité» qui est à la fois une identité et un perpétuel décentrement, comme si cette identité se nourrissait d'altérité.

Le clivage entre les deux cultures occidentales – anglo-saxonne et latine – est essentiel, et même déterminant si on veut espérer régler le futur qui se dessine. Mais il peut y avoir aussi une catastrophe. La rapidité avec laquelle le système d'expropriation atteint le noyau de l'identité est à mettre au compte de la révolution médiatique. Bientôt, le moi sera en réseau. C'est déjà le cas. Mais alors, qu'est-ce encore qu'une identité ? Qu'est-ce qui peut être caché à l'interface du monde des ordinateurs ? Comment les différences peuvent-elles devenir autre chose que virtuelles ?

8.
Culture du dialogue et civilisation de la peur

Il y a une nouvelle civilisation objective de la peur.

Le 11 septembre a provoqué l'arrêt du dialogue des cultures. L'autre a été transformé en ennemi. La phrase de Bush, à cet égard, est très significative : « Qui n'est pas pour nous est contre nous ! » L'esprit de croisade a pris le pas sur l'esprit de dialogue. Et cette situation peut durer longtemps : le terroriste, c'est l'autre à l'état pur, d'où une lutte sans merci, sans temps, sans échelle, sans protocole ou code. En même temps s'est instituée une croisade défensive. Le pays supposé le plus attaché aux libertés individuelles, les États-Unis, en est arrivé à demander aux élèves de ses écoles de donner une note de civisme à leur professeur ! Une culture qui se veut totalement transparente pour exercer la croisade. C'est la reprise du maccarthysme.

Le défi de la différence

... *avec le* «Patriot Act» *institué par l'administration de Bush*[1].

Le Conseil des sciences sociales, lié à l'Unesco, dont j'ai assuré la présidence pendant dix ans, comprenait dix-huit organisations. Curieusement, seules deux d'entre elles ne se sont pas fait représenter à la dernière assemblée générale : celle consacrée à l'économie (qui n'a plus aucun souci interdisciplinaire, puisqu'elle est tout!), celle qui s'occupait des études sur la paix (c'était après le 11 septembre). Dans la situation de coexistence où nous sommes, on peut se demander s'il existe encore une culture possible de la paix? Dans notre monde, le vis-à-vis n'existe plus, il n'y a que l'attente, l'ennemi. En même temps, la puissance hégémonique, qui se veut la gardienne de la rationalité, est incapable de garantir la fiabilité des rapports comptables fournis par ses entreprises.

---

1. La loi dite «Patriot Act», votée le 26 octobre 2001 dans la foulée du 11 septembre, confère des pouvoirs étendus au gouvernement en matière de lutte antiterroriste. Un décret présidentiel *(executive order)* de novembre 2001 accorde au président des États-Unis le droit de qualifier quelqu'un de «combattant ennemi» *(ennemy combatant)*, le plaçant par là même hors de la sphère du droit commun.

Culture du dialogue et civilisation de la peur

On perd son arithmétique comme on perd son latin.

Dans un passé encore récent, personne n'aurait osé discuter la vérité des rapports comptables américains ! Le statut des liquidités et les horizons virtuels d'expansion dépendent d'eux. La monnaie, avant d'être de l'argent, c'est d'abord la fiabilité des informations sur l'état des grandes compagnies. Avec l'affaire Enron[2], ce monde puritain – devenu la culture immanente et basique du global – a porté atteinte à son *credo* ! Lorsqu'il y aura une pause dans la croisade, que de problèmes en perspective. Baudrillard a écrit des choses exceptionnelles sur tout cela, sur la remise en cause du simulacre et du virtuel avec l'attaque des Twin Towers[3].

La grève des évènements a subitement pris fin, de manière radicale !

La nation hégémonique – au contraire de la nation dominante – est incapable d'amortir une

---

2. La plus grosse faillite de l'histoire américaine (2001), qui a révélé des falsifications comptables d'une ampleur considérable.
3. Voir, en particulier, Jean BAUDRILLARD, « La violence du mondial », in *Power Inferno*, Paris, Galilée, 2002.

telle détresse. C'est impossible dans l'inconscient collectif américain. Le rite de la répétition de la situation se poursuit de façon extraordinaire. Aucune résorption n'est possible. Le mythe de *Star wars* (de l'invincibilité hégémonique) est là, mais il est incapable d'exorciser l'événement du 11 septembre. Le monde reste toujours en attente. L'agression peut venir de partout. Et, comme dans les premiers jours qui ont suivi les attentats, les Américains maintiennent les mêmes procédures de contrôle dans les aéroports. C'est devenu un rituel canonique. Le pays hégémonique n'a plus besoin de talion, il n'a plus besoin de rétribution, il doit seulement exhausser en coût et en célébrations ce que le temple bafoué réclame. C'est ce qui nous place dans une civilisation de la peur. L'ennemi est le terroriste, qui par définition n'a pas de drapeau, il peut venir de partout et de nulle part ! Le mythe de la suprématie américaine est aujourd'hui confronté à cette situation.

Le vieux principe de protection des minorités est en train de disparaître. La peur est là. La suspicion est générale. Le pays de l'archi-développement est en même temps celui de l'archi-insécurité.

Culture du dialogue et civilisation de la peur

Qui cherche aveuglément l'exorcisme.

L'exorcisme – revenons aux Grecs –, c'est l'hécatombe, pour la satisfaction d'une hégémonie multipliée. L'Irak est bien une exigence sacrificielle des États-Unis. On s'arroge le droit de choisir le sacrifié.

Ni loi du talion ni rite du bouc émissaire. La victime est vierge de tous signes sacrificiels.

Exactement. C'est une réponse profonde aux blessures reçues. Plus tard, il y aura un autre sacrifice. Non pas la Corée du Nord, comme on le dit volontiers, mais une oblation, en finir, par exemple, avec la faim au Brésil. Il y aura des sacrifices de natures différentes, mais qui seront monumentaux et extraordinaires, et surtout sans restes. Imaginez un rite exorciste du genre : « On vous offre le Brésil sans la faim ! »

Clinton avait déjà émis cette idée : en finir avec la pauvreté en Afrique !

C'est le prodige sacrificiel. La nouvelle reconnaissance du pouvoir infini dépasse la riposte d'anéantissement absolu de l'attentat sacrilège, en déchaînant la chasse sans retour au terrorisme. L'hécatombe ouvre le pas à un déséquilibre dans la riposte, devenu, de plus en plus, un acte de manifestation, de signalement de la *patentia*[4] exigé par l'hégémonie. Le sacrifice de l'Irak ne crée pas de séquence logique.

Mais les Américains ne seront jamais à la hauteur d'un tel excès. Il faut une culture du potlatch, de la consumation, de l'échange symbolique qui leur fait défaut!

L'exercice de l'hégémonie, c'est d'être en quête de l'excès, en sachant qu'il est insurpassable. Mais il faut être chaque fois davantage dans le spectacle, qui est absolument unilatéral. Un monde qui se veut en croisade est un monde, osons l'expression, de «fondamentalisme orgiastique». Il y a aussi une refonte des valeurs américaines qui prétendent à l'universalité.

Globalisation et universalité font pourtant deux!

L'Amérique veut faire un monde à son image. C'est un simulacre, et, en même temps, un monde

---

4. Au sens plotinien, l'évidence éclatante.

de la peur réalisée, donc un monde de l'hécatombe et de l'exorcisme.

Par ailleurs, et c'est très curieux, on est dans des situations de victimisation sans surprise. L'hécatombe réclamée ne sera pas, par exemple, l'extermination de la civilisation de la drogue. C'est ici que je fais une différence entre une eschatologie et une prospective. Quelle sera la prospective d'une nation qui, arrivée à la plénitude orgiastique de sa conscience, doit encore trouver la continuité par le langage du spectacle? Mais il n'y aura pas un «Irak» pour chaque situation.

La guerre en Irak avait déjà eu lieu – ou n'aura jamais lieu, pour parler comme Jean Baudrillard. Elle n'a pas cessé d'être, d'une certaine manière, depuis le début des années quatre-vingt-dix.

Bush est trop conservateur. On ne revient pas sur les lieux de l'hécatombe. Pourtant, avec le fondamentalisme, la peur est là. Je me demande si la reprise intégrale de la *charia* n'est pas la seule solution qui permettrait de rendre organiques les fondamentalismes ponctuels de résistance. C'est l'objet de nos conversations avec les Iraniens, qui sont persuadés que Khomeiny a sauvé ce qui restait d'universalité dans l'Islam. Cela mérite d'être pensé.

9.
Latinité « zélotique » et latinité « hérodienne »

Quelle est l'extension géographique de la latinité ? Y a-t-il, par exemple, avec le Québec, une latinité nord-américaine ?

Le Québec fait-il partie de la latinité ? Non, me semble-t-il, car il se trouve dans une situation très curieuse : dans son cas, il y a un jeu à somme nulle[1] entre l'élément « zélotique » et l'élément « hérodien » de sa culture latine. Ces éléments se sont mutuellement annulés, parce que les Québécois se veulent à la fois complètement tournés vers la latinité française et, en même temps, ils veulent montrer qu'ils peuvent la dépasser. Quelle est l'identité du Québec ? La question reste ouverte. J'avance l'hypothèse qu'il n'y a de culture émergente, que si le zélotique ou l'héro-

---

1. Le « *zero-sum game* » de la théorie des jeux.

dien, l'un ou l'autre, est en condition de prévaloir. Dans le cas du Québec, ils s'annulent à compte égal.

Définissons les termes de zélotique *et d'*hérodien, *qui appartiennent eux aussi au vocabulaire d'Arnold Toynbee.*

Le « zélotique », c'est celui qui, devant la pression d'une culture étrangère résiste, se ferme complètement, devenant fondamentaliste, comme les Macchabées devant les Romains, ou lors du sacrifice sans reste de Massada[2]. La dernière lutte contre Titus, avec la destruction du Temple, est la résistance fondamentale. C'est une résistance totale, sacrifiant jusqu'au dernier. Pour l'hérodien, au contraire, « à Rome, fais comme les Romains » : « Fais-toi métèque ! » est la devise hérodienne. Il faut se donner complètement à la métropole. Dans la latinité atlantique, l'élément hérodien a prévalu, pas le zélotique. Plus le développement civilisatoire opère, plus l'hérodianisme – qui est la réponse la plus « naturelle » – perd sa conscience : on est plus royaliste que le roi ! Le judaïsme, par exemple, a failli dis-

---

2. Lors de la révolte juive de 66-70, les zélotes, qui occupaient la forteresse de Massada, tinrent en échec les troupes romaines. Les survivants préférèrent s'entretuer plutôt que de se rendre.

paraître en Europe au milieu du XIXᵉ siècle, les Juifs ayant eu tendance à prendre les habitudes métropolitaines. Ils ne savaient même plus qu'ils étaient Juifs.

C'est particulièrement vrai pour les Juifs allemands, qui étaient en voie d'assimilation totale. Sans la Shoah, par l'effet d'une ruse de la raison cynique, cette communauté aurait pu disparaître culturellement.

L'hérodianisme est la façon de se rendre, de tendre vers la fusion, vers la *mimêsis*, sans même se rendre compte de la situation. L'hérodianisme islamique a déjà eu lieu de façon foudroyante avec Mustafa Kemal en Turquie. C'est l'opposé de Khomeiny. Quel est le « relief » historique de la Turquie d'aujourd'hui ? L'hérodianisme à outrance conduit à des situations semblables.

La latinité, selon vous, porterait l'idéal d'une sorte d'équilibre entre zélotisme et hérodianisme.

La médiatisation est d'une telle rapidité, qu'on ne se rend plus compte de ce qu'est la résistance. Le drame de l'hérodien, c'est qu'il n'arrive jamais à être assez malin : il commence malicieux et finit en métèque.

La latinité est une aubaine pour échapper à la « météquisation » : le barbare contre le métèque.

On peut dire cela. On doit se demander comment l'exclu qui n'est plus le barbare pourra encore « re-culturaliser » le poids neutre, mais non mort, de l'identité des immenses contrées anomiques de nos pays.

Quelle chance représente la latinité pour les pays latins eux-mêmes ?

Une culture peut parfois, par un travail de spéléologie historique, s'affirmer comme une différence. Le repérage de la tradition portugaise, à travers l'aventure coloniale, peut créer une diversité régionale. Le portugais était mort au Timor. Il resurgit aujourd'hui comme prospective de différence. Il y a une possible refonte. Toute la question est de savoir s'il y a une volonté réelle de différence ou seulement une simple diversion historique. La question ne se pose guère pour Macao. La volonté d'indépendance du Timor exprime-t-elle un impératif d'identité qui se jouerait dans une tension entre centre et périphérie en Indonésie, ou affirme-t-elle une différence fondée sur le maintien d'un enracinement? Il est trop tôt pour savoir si la référence latine du Timor correspond à un enracinement réel dans la latinité. Des situations qui n'ont rien de commun avec la longue histoire du «vouloir» latin des Roumains.

Qu'est-ce que la latinité de la Roumanie? Il n'est pas facile de répondre à pareille question, même si le roumain est en partie une langue latine.

La Roumanie du temps des Romains se situait ailleurs. Elle a migré. Devant les pressions slaves, elle s'est accrochée à une langue, mais guère plus de 10 % de la langue roumaine vient de racines latines. La Roumanie s'est octroyé une identité latine pour résister à la pression environnante. Ils ont eu affaire aux Mongols, aux Arabes, aux Turcs, aux Slaves, etc. La référence latine témoigne d'une volonté de différence, sans réel ancrage historique, une sorte de prothèse culturelle continue. Ils sont latins, par la volonté. Le phénomène identitaire n'est pas nécessairement lié à une tradition géographiquement ou historiquement continue. Les

Roumains sont ainsi passionnés de latinité, mais d'une latinité protectrice. Remarquons que ce pays, qui s'est *voulu* historiquement comme une reprise et une « prothèse » latine, contre toute évidence, est le pays qui a vu naître Cioran.

Le terroir de l'absurde et du désespoir, de Ionesco à Cioran.

L'exil continuel de grands créateurs roumains, bien avant la pression totalitaire du siècle dernier, en dit long sur la permanence du thème d'« un exil dans l'âme », qui a produit l'humanisme postmoderne d'un Ionesco ou le scepticisme d'un Cioran. Sommes-nous ici devant la prémonition d'une page tournée ? Ou bien sommes-nous, avec le nouvel éveil post-soviétique de la Roumanie, dans une situation de retour aux sources, libérée de tout fondamentalisme, de reconnaissance d'une latinité, dans laquelle pointerait, bien davantage qu'une culture fossile, la force « romanique » conservée dans sa langue et l'affirmation d'une différence foncière ?

*

Latinité «zélotique» et latinité «hérodienne»

Il y a aussi le cas d'Haïti, un pays qui vous est cher, dont l'identité est très forte au sein de l'ancienne latinité coloniale des Caraïbes.

Haïti a réalisé, dans le même temps, deux choses absolument essentielles : son indépendance, en 1804 (la première en Amérique latine) et l'abolition de l'esclavage. Toussaint Louverture a pu invoquer l'identité impériale avec son «frère Napoléon». Il est impossible de trouver un autre assemblage identitaire, fait pareillement d'empreintes et de vignettes, que celui des premiers empereurs haïtiens. La Cour se surpassant, malgré le mimétisme, dans la somptuosité de tous ses détails comme une sorte de jouissance *in camera lenta* d'un achèvement.

Il y aurait une exemplarité haïtienne.

Oui, par la conquête d'un «pour-soi» qui constitue la trame même de l'histoire. Selon Pierre-Franklin Tavarès[3], Hegel avait en tête la lutte

---

3. Pierre-Franklin TAVARÈS, « Hegel et Haïti ou le silence de Hegel sur Saint-Domingue », in *Chemins critiques*, II, Port-au-Prince, mai 1992. Cité par Susan Buck-Morss dans sa communication «Hegel and Haïti», lors du colloque organisé par l'Académie de la latinité, *Latinité et identité haïtienne : entre la tradition et la modernité*, Port-au-Prince, septembre 2005.

haïtienne, lorsqu'il écrivit les pages célèbres de la *Phénoménologie de l'Esprit* consacrées à la dialectique du maître et de l'esclave. Le « fait haïtien » est devenu une sorte de paradigme de la lutte pour la conscience de soi.

Sybille Fischer[4], de l'université de Columbia, a bien montré que la radicalité du geste haïtien (entre mémoire, trauma et reniement) peut aider à la déconstruction du discours de la modernité occidentale. La révolution haïtienne contre l'esclavage est le révélateur d'une idéologie, concernant la hiérarchie des valeurs, la dépolitisation des buts sociaux, le dépassement du « progressisme » des Lumières, le couplage des droits de l'homme et du maintien de la servitude et de la *Realpolitik* des empires. Trahissant les idéaux de la Révolution, ceux de l'abbé Grégoire et de ses compagnons, Bonaparte rétablit l'esclavage. Le soulèvement du peuple haïtien contre cet état de fait apparaît comme le « trauma » fondateur d'Haïti. Sans compter la duplicité des Français, qui profitèrent des pourparlers de paix pour arrêter et déporter

---

4. Sybille FISCHER, *Haitian Modernity : Memory, Trauma and History* (intervention au colloque *Latinité et identité haïtienne : entre la tradition et la modernité, op. cit.*).

Latinité « zélotique » et latinité « hérodienne »

en France Toussaint Louverture. Il devait mourir dans une cellule du fort de Joux (dans le Doubs) en 1803.

Les Haïtiens, en battant les armées françaises de Leclerc et Rochambeau, provoqueront la première déroute de la splendeur napoléonienne, bientôt à son apogée. La guerre de libération ne sera pas seulement dirigée contre la domination coloniale, mais aussi contre certains abus infligés à l'homme. Dessalines, Pétion, Christophe ou Boyer[5] s'accorderont un droit à la représentation et à l'Empire. Toussaint Louverture jeta non seulement les bases d'une constitution haïtienne, très ambitieuse pour l'époque, mais se posa aussi en véritable vis-à-vis de Bonaparte. La cour impériale de ses successeurs apparut comme une sorte de simulation compensatoire.

---

5. Jean-Jacques Dessalines proclama l'indépendance d'Haïti et en devint le premier empereur (1804); Pétion renversa Dessalines et devint président de la République en 1807; Henri Christophe se fit proclamer roi de la partie sud d'Haïti (1811); Jean-Pierre Boyer devint président de la partie sud d'Haïti (1818), puis de l'ensemble du pays et, en 1825, de la totalité de l'île (après la conquête de Saint-Domingue).

Le défi de la différence

N'y a-t-il pas actuellement en Haïti une sorte de rejet de la démocratie en tant que règle du jeu formel de l'hégémonie ?

Il semble y avoir un refus haïtien – qui plonge loin dans l'histoire – de se plier aux modèles des nations promises ou vouées au développement, désormais réduites au simulacre et à la « réverbération » de l'ordre hégémonique. Haïti met en cause le discours normalisateur *urbi et orbi*, y compris lorsque la vision hégémonique côtoie celle des Nations unies. La méfiance haïtienne crée un seuil critique qui permettra peut-être aux prémisses de la différence de s'imposer face à l'ordre universel actuel et aux acteurs sociaux par lesquels se fit la modernité.

En dehors du cas haïtien, peut-on parler d'une latinité dans les Caraïbes, jusque dans le département français de la Guyane.

Sur les cartes du XVIIIe siècle, à l'extrême nord-ouest du continent sud-américain, il y avait cinq Guyanes. Encadrant les trois Guyanes européennes (française, hollandaise et anglaise) apparaissaient la vénézuélienne et la brésilienne. Cette dernière

Latinité «zélotique» et latinité «hérodienne»

s'étendant des berges de l'Oyapok à l'embouchure de l'Amazone. L'identité culturelle de la Guyane française doit beaucoup à une afro-latinité venue d'Haïti (est-ce un hasard, si le seul parti séparatiste guyanais est d'inspiration haïtienne?), comme du reste des Antilles. Le seul département français arrimé à la terre ferme du Nouveau Monde est caractérisé par un profond métissage, dont la langue créole est l'expression remarquable. À côté des migrations asiatiques venues de Georgetown et de Paramaribo (respectivement capitales de la Guyana et du Surinam), il y a eu les vagues syro-libanaises et celles plus improbables de l'ancienne Indochine française, comme ce village entier du Laos transplanté en pleine forêt vierge.

La migration haïtienne en Guyane française a des caractéristiques propres. Éparpillés sur l'ensemble du territoire, les Haïtiens sont comme les points de mire de l'entrecroisement d'identités émergentes. Ce sont encore les nègres marrons de la source du Maroni, groupés dans des communautés qui ressemblent à nos *quilombos*[6]. Les Amérindiens, de leur côté, témoignent aussi d'une grande vitalité culturelle.

---

6. Les *Bushinengués* («Nègres des bois») ou Noirs Marrons (de l'espagnol «cimarrón», s'échapper, fuir), descendants des esclaves rebelles ayant fui les plantations du Surinam dès le XVIIe siècle.

Les Brésiliens n'ont pas encore tiré tout le parti qu'il faudrait des échanges qui, à travers une frontière mouvante et poreuse, lient le département français et la cinquième Guyane. Par un même culte du Carnaval, notre proximité culturelle est grande. Même si celui de Cayenne, par son raffinement et son luxe, est plus proche de celui de Venise. C'est la fête des masques et des protocoles, où le plaisir des identités tenues secrètes et des mystères improvisés remplace notre immersion dans la musique et dans le tohu-bohu enchanteur des *blocos* (groupes) et du défilé des écoles de samba.

10.

Prospective de la latinité

Dans un monde qui semble largement bloqué, quel avenir y a-t-il pour la latinité ?

Ce qui m'intéresse, c'est la prospective des périphéries de cette structure complexe qu'est la latinité. Notre monde atlantique devient de plus en plus le lieu où une représentation du vécu, une représentation réifiante, se maintient comme prégnance historique. Aujourd'hui, il ne reste que deux «résidus» identitaires non détruits par l'hégémonie civilisatoire : l'Islam, demeuré en dehors, et une latinité qui peut encore se vouloir «barbare». Cela peut paraître paradoxal, mais c'est ainsi. On peut dès lors promouvoir une latinité qui résisterait à la fusion et garderait une mémoire qui serait autre chose qu'un simple exercice à la Borges.

Le défi de la différence

Il faut que les marges inventent de nouveaux espaces de rencontre. Les deux rejetons créateurs trouveront-ils une certaine identité avant que ne s'impose l'opposition centre/périphérie ? La culture arabe, la culture iranienne, plus généralement la culture islamique, sont traditionnellement tolérantes et témoignent d'un grand pluralisme culturel. La domination islamique a toujours ménagé des espaces de libertés pour les conquis.

Le système de la dhimma, *pour les gens du Livre... Remarquons tout de même que cette « protection » accordée aux juifs et aux chrétiens était assortie d'un statut juridique inférieur.*

Il faut revenir à l'idée de marches. Dans le prochain demi-siècle, si on se place du point de vue d'un processus culturel, seules deux entités pourront clairement subsister. La latinité, si elle ne fusionne pas avec le centre hégémonique, adoptera-t-elle, à la dernière minute, une posture hérodienne ou zélotique ? Il me semble qu'elle a peu de chances de se reconnaître une identité, tant que le centre exigera d'elle une fusion complète. Mais si cela se fait – et c'est un peu le paradoxe –, plus la cassure interne sera manifeste, plus ceux qui sont au centre seront engloutis par la culture hégémonique. Je ne vois pas, à ce niveau d'analyse, de possible « pour-soi » identitaire d'un monde latin hérodien. Avec l'autre posture, oui, mais en entrant dans un fondamentalisme latin, ce qui est un peu une contradiction dans les termes, la latinité étant fondamentalement plurielle.

Mais plus qu'un contenu, maintenu dans son noyau strict, cette latinité en dormition pendant les temps hégémoniques se veut une pédagogie du pluralisme rebelle. Il lui faudrait devenir une culture « hospitalière », à la manière de Derrida, pour accueillir ces masses anomiques. Dans cette perspective, il y aura des points d'ancrage avec le monde islamique. Quelle possible ouverture à l'autre ? Il faut pour la latinité un avenir semi-zélotique, si l'on veut intégrer les masses rejetées par le modèle à l'intérieur de lui-même. Dans le monde islamique, grâce à la *charia*, grâce aux rites exigés cinq fois par jour, il n'y a pas de pauvres ou de rejetés qui soient moins musulmans que les autres.

C'est une réforme intellectuelle considérable que semble porter la latinité.

Le défi de la différence

Dans les périphéries, la question est aujourd'hui la suivante : la rationalité – celle que Descartes a fait triompher – est-elle la dernière découverte de l'homme occidental? L'Occident, avec ce que l'on appelle la pensée postmoderne, n'a-t-il pas produit dans la deuxième moitié du XXe siècle, une critique radicale du discours des Lumières et de son optimisme béat? Le postmoderne s'inscrit dans la latinité, surtout grâce à l'apport français, avec Foucault, Lyotard, Deleuze, Ricœur, Derrida, Morin, Baudrillard, etc. Je n'ai pas le souvenir dans le passé d'une souche générationnelle d'une telle force. Ils ont changé notre manière de penser. L'entente cordiale en matière de pensée occidentale n'est pas anglaise mais française. À côté de cela, la philosophie analytique me semble d'une extrême pauvreté. Il y a eu aussi l'apport considérable de la pensée allemande, le passage du *Logos* au *Dasein*, avec Heidegger, l'exploration des universels concrets. Mais les Français ont été décisifs. La «pensée sauvage» d'un Lévi-Strauss, par exemple, est tout ce qui échappe au réductionnisme de la raison. Il y a une pensée trouble, complexe, concrète. Et il y a l'apport de Michel de Certeau, un prince de mon esprit, et son idée d'une histoire *sauvage*.

Prospective de la latinité

Vous pourriez développer l'idée de latinité «sauvage».

Du moins y a-t-il une heuristique sauvage. La latinité est le côté encore autonome d'une civilisation qui est arrivée au paroxysme de son hégémonie. Dans les périphéries du monde hégémonique, je ne vois pas d'autre culture possiblement unifiante que celle du Brésil. Une culture non encore écrasée dans un monde de civilisation est une chance. Le Brésil a une immense responsabilité, me semble-t-il, car nous avons la matière première, avec les masses anomiques, pour faire travailler cette vision et cette entreprise.

La latinité est une affaire de passage et de passeurs. Rémi Brague a bien mis en évidence cette dimension[1].

Oui, mais le passeur exige un marchandage entre deux espaces. L'exclu, de nos jours, a-t-il encore un

---

1. Rémi BRAGUE, *Europe, la voie romaine, op. cit.*, en particulier le chapitre II. «Être "romain", c'est se percevoir comme grec par rapport à ce qui est barbare, mais tout aussi bien comme barbare par rapport à ce qui est grec. […] La culture romaine est ainsi essentiellement passage : une voie, ou peut-être un aqueduc – autre signe tangible de la présence romaine», p. 56.

espace? L'enjeu de la marginalité brésilienne est assez exemplaire, et même pédagogique, pour permettre les prises de conscience prospectives autour de symboles aussi marquants que l'exploit du Parti des travailleurs, ou cette Église *«versus populo»*, celle des exclus. Dans de tels parages critiques, la seule culture possible qui puisse trouver en elle le ressort d'une subjectivité, est à l'œuvre aujourd'hui au Brésil, tâtonnante, mais à grande allure.

« Doucement, nous sommes pressés », déclarait Talleyrand au Congrès de Vienne. En fait, ce que vous nous proposez est une sorte de Brésil paradigmatique. La latinité « atlantique » serait un véritable programme de ré-habitation (au sens qu'Hölderlin donnait à ce terme) de la terre ?

Il s'agit de savoir comment le passage se fera. Si la latinité est en mesure de le faire, c'est qu'elle a été trop rapidement hellénistique. Mais nous manquons d'un grand *épos* pour cela. On n'a plus la conscience du barbare, et l'hérodien ne sait jamais quand il cesse de l'être. Personne ne peut affirmer que la globalisation éclatera, mais il est certain que les cultures resteront en état de déréliction. La pire des choses qui puisse se passer est que, dans les

Prospective de la latinité

logiques collectives, le terroriste devienne l'islamiste. Si tel est le cas, comment réagiront devant cette situation les pays latins de la périphérie ? On ne peut mesurer le pouvoir de « sidération » que provoquerait une telle éventualité.

Le retour aux marches, la capacité d'induire une subjectivité sans l'imposer, et la nécessité de vivre dans une culture par des mémoires sont trois idées essentielles. Dans ces mémoires, il faudra distinguer entre le rattrapage du vécu et la vraie anamnèse. Ricœur a dit des choses très importantes sur les politiques de la mémoire.

Ricœur a cherché à mettre en place une politique de la « juste mémoire ». Entre le « trop de mémoire » et le « trop d'oubli », il faut un art de la mémoire bien tempérée[2].

Pour dépasser la culture médiatique, pour trouver ce sens de l'identité, alors que les périphéries sont déjà devant un fondamentalisme basique, pourra-t-on aller au-delà de la « narrative structurante », pour parler comme Jean-François Lyotard ?

---

2. Voir, en particulier, Paul Ricœur, *La Mémoire, l'histoire, l'oubli*, Paris, Seuil, 2000.

Le défi de la différence

C'est un peu la politique de l'«édition» de la mémoire. Comment se rappelle-t-on un collectif? Y a-t-il des collectifs canoniques? Quand une culture se compare à une autre, ne se voit-elle pas dans un temps historique différent, ce qui la condamne, en guise de rapprochement, à n'entretenir qu'un dialogue de sourds et d'aveugles? La culture islamique, par exemple, accorde une importance toute particulière aux VIIIe et IXe siècles, période de son essor, alors que l'âge d'or occidental, dans lequel nous nous reconnaissons, est bien postérieur.

Peut-on, dans les périphéries, découvrir un processus identitaire qui ne soit pas une «narrative structurante»?

La «narrative structurante» qui déploie une énonciation fondatrice.

Elle s'affirme de toute la force de l'*a priori* d'un *sursum*[3]. D'autre part, à l'échelle extérieure, l'entité nationale, déjà rongée par l'anomie, fait face à une exclusion radicale, par le jeu de la globalisation. La différence apportée par la latinité peut devenir le

---

3. Le *sursum* est une élévation de soi, une élévation de conscience.

dernier carré, face à la subjectivité «modulaire», où l'autre est exclu du seul statut reconnu par le virtuel. Le virtuel rejette, *a priori*, le référentiel du proche, devenu l'artefact de la civilisation, dépourvu de tout contexte et référence. Il ne nous reste, alors, que cette médiation inépuisable du simulacre, soumis, à son tour, à la réification infinie.

Toutefois, obstinément, nous gardons la nostalgie d'un protagonisme, d'un vis-à-vis, même au bord de la catastrophe et de la *Völkerwanderung* («déplacement des peuples»). Nous façonnons une mémoire de latinité. La métaphore d'Alexandrie nous sert de stratégie, pour profiter du delta, dans la configuration finale de l'écoulement du Nil.

La latinité, dans les mots de René Char, est-elle encore riche de salves d'avenir?

Allons-nous, dans l'univers latin, partager les attentes et les promesses de la mondialisation à égalité de chances et de conditions avec le monde anglo-saxon, l'autre pôle de la modernité, qui abrite aujourd'hui l'avancée effrénée d'une histoire hégémonique? Sommes-nous en train de manquer ce moment d'opulence? Ne courons-nous pas vers une presque insensible, mais implacable décadence?

Nous n'aurions plus alors qu'à attendre notre fondamentalisme ! Ou bien sommes-nous des survivants avisés qui attendent le crépuscule qui, tôt ou tard, tombera sur la formation impériale ? À moins que celle-ci n'échappe, par ses caractéristiques originales, à la fatalité du destin. La latinité résistera-t-elle, forte de l'image de la Méditerranée hellénistique, qui a survécu à Rome, qui a caché le *logos* (gardé dans les madrasas du Prophète), alors que sévissait la patristique ? La latinité ouvrira-t-elle, enfin, l'Occident à la Renaissance ?

Pour nous situer dans le nerf historique du nouveau millénaire, il faudra considérer les caractéristiques particulières d'une mondialisation qui n'est pas simplement le vieil impérialisme ressuscité. Aux espaces sans entraves, ouverts à la civilisation, à sa technologie, à ses contrôles politiques et sociaux, correspondent également, et de façon plus profonde, les blessures infligées à la subjectivité collective. Tout ce qui est le propre de l'homme, par l'expérience même de la réalité : son style de vie, la référence que seule la mémoire et son anamnèse accordent à la construction de la différence, au don d'un sens à l'existence, en tant que fondement de la liberté. Face au royaume de la nature, toujours transformable par notre puissance prométhéenne, se dresse notre monde de symboles, avec leurs codes de la vie comme lecture du temps intérieur de l'homme.

La latinité est cette strate de l'Occident en voie d'expropriation par le processus civilisateur anglo-saxon, exacerbé par l'hégémonie américaine, par la mainmise technologique et les contrôles sociaux et capitalistiques, par l'organisation de l'entreprise et le financement de l'innovation. Devant cette emprise de la subjectivité, le « dialogue des cultures » risque de devenir le requiem de la coexistence des visions du monde et des styles de vie.

C'est la possibilité même d'une différence qui est aujourd'hui menacée par ce que vous appelez le « processus de civilisation ».

Se réclamer aujourd'hui de la latinité, au-delà de toute nostalgie, c'est maintenir farouchement une poussée de la différence au sein de l'hégémonie inédite. C'est s'opposer à la saisie de la subjectivité par la civilisation médiatique, c'est résister à la sujétion que représentent la matrice digitale et l'univers cybernétique. De plus, notre volonté de survie se heurte à une véritable régression historique, provoquée par le 11 septembre : l'emprise du processus civilisateur sur l'inconscient collectif

Le défi de la différence

contemporain a été amplifié par le terrorisme et la confrontation « fondamentaliste » des cultures. L'Islam est devenu suspect, depuis l'attaque inouïe sur les tours jumelles marquant le début d'un *jihad* à l'allure apocalyptique.

Au plan des subjectivités collectives, le raidissement de la volonté de différence menacée par une hégémonie encore mal pressentie, s'accroche aux éléments d'identité nationale, produits par l'histoire, au rythme lent de la civilisation. Une nouvelle prise de conscience des valeurs propres à une culture, de sa vision du monde, se dresse face à l'enlisement, devenu assaut, par le jeu de la domination actuelle. À de nouveaux contrôles doivent répondre de nouvelles ruses. Comme, par exemple, l'échappatoire par la sophistication – ou le dédale – de la décadence, joignant l'Europe méditerranéenne à la latinité atlantique : l'Amérique luso-hispanique, aux États-nations improbables, peut réussir son développement et devenir l'appât de la mondialisation. Le nerf de la latinité s'en remet ici à une possible « onzième heure ».

Devant de tels écarts irréversibles, une latinité se ressource peut-être, au sein même de l'Empire, qui dans un avenir proche sera capable de déborder ou de dépasser l'hégémonie civilisatrice, celle de l'Occident réducteur, gérée par

Prospective de la latinité

Washington. La latinité détiendrait le patrimoine caché fait d'errances clandestines, de mémoires investies porteuses de différences, susceptibles de provoquer l'intolérable pour l'hégémonique, que sont le pluralisme du monde et la diversité des cultures.

Se posera à terme, de façon brutale, la question des replis identitaires.

On n'a pas assez mesuré que les limites de cette expropriation du vécu sont celles du processus même de la culture. Ce qui se manifeste dans le monde du *cyberspace*, de la « guerre des étoiles » et des *info ways*, c'est l'incarcération de la plus profonde des stries de l'histoire par la civilisation.

C'est précisément pourquoi ce sont les périphéries de la mondialisation – moins anesthésiées, peut-être – qui ont pressenti le danger. Elles ont versé dans ce que l'on pourrait appeler, à la suite de Toynbee, le fondamentalisme de la résistance zélotique.

La mise sous séquestre de l'âme par la mondialisation triomphante, la main droite armée par les technologies et la gauche par la grille médiatique, a conduit aujourd'hui les défenses périphériques au déplacement de leur identité foncière, à laquelle elles substituent, parmi les cultures également menacées, celle qui semble le mieux porter une cuirasse protectrice. Un Islam – transposé hors de ses racines naturelles, grâce à la force de sa mobilisation – peut jouer un tel rôle face à l'hégémonie globalisante. Les minorités noires, à l'intérieur même de l'Empire, se l'approprient, refusant l'engloutissement dans la civilisation américaine. Devenues des barbares d'adoption, elles se sont déclarées « nation islamique » par la bouche de Malcolm X et de Louis Farrakhan (à la suite d'Elijah Muhammad, leader des Black Muslims), dans les ghettos de New York, de Chicago ou d'Atlanta.

Exemple extrême, qui nous conduit à prendre un autre chemin : face aux hégémonies galopantes, on peut se demander s'il n'y a pas d'autres espaces aménageables pour la pensée et l'action. Y a-t-il une vigie qui repérera les contenus épargnés par l'affrontement historique, où demain, peut-être, se jouera une re-fertilisation des valeurs originales, une fois dépassé le moment impérial? Telle fut la stratégie adoptée par l'hellénisme, à la fois face aux barbares et à Rome, en maintenant l'expérience configuratrice latente, et en faisant renaître le monde classique, dans le refuge de la mer d'Éphèse, d'Alexandrie ou d'Hippone. Nous retrouvons, dans notre Atlantique, au-dessous des Bermudes, comme une Méditerranée allongée, telle une Latinité, l'hellénisme de l'Occident. Le temps est trop compté pour laisser dépérir une telle promesse. Trop court, pour laisser advenir indéfiniment la fatalité d'un fondamentalisme.

Table

Préface d'Alain Touraine 7

1 – Un éveil national 13

2 – La singularité brésilienne 27

3 – La construction d'une nation 41

4 – Émergence d'une conscience nationale.... 51

5 – Culture et civilisation 97

6 – *« Limen »* et *« Limes »* 105

7 – La latinité et le dialogue des cultures 119

8 – Culture du dialogue
et civilisation de la peur 129

9 – Latinité « zélotique »
et latinité « hérodienne » 137

10 – Prospective de la latinité 149

Impression Bussière en septembre 2006
Editions Albin Michel
22, rue Huyghens, 75014 Paris
www.albin-michel.fr
ISBN 2-226-17106-1
N° d'édition : 24577. – N° d'impression : 063081/1.
Dépôt légal : octobre 2006.
Imprimé en France.